# 浪漫香草花园

*Langman Xiangcao Huayuan*

陈菲 编著　徐晔春 摄影

农村读物出版社

CONTENTS

# 目 录

CONTENTS

# 缘起——草之魅，香之魅

香草，顾名思义，

就是带有香味的草草。

一株植物，

从头到脚地散发香气，

是件奇妙的事儿。

草之魅，香之魅，

且让我们循着那一缕清香，

去追寻香草身后动人的故事。

# 普罗旺斯，那一片薰衣草的天空

英国畅销书作家彼得·梅尔在他那本赫赫有名的《山居岁月》中这样说：我们为能入住这般美丽福祥的地域，深感三生有幸。让彼得·梅尔深感三生有幸的福地就是法国的普罗旺斯，以盛产薰衣草而闻名于世的普罗旺斯。

薰衣草仿佛是一篇专为普罗旺斯而谱写的赞美诗篇，细细诉说着普罗旺斯地区无穷无尽的美丽色彩与芳香。从以往原始散布在满山遍野的野生薰衣草，到现在经过细心照料，精心培育的薰衣草花田，薰衣草始终都和这个地区人们的生活息息相关。在这儿，无论是田野或山丘都孕育着一整片迷人的薰衣草，并且与来到这儿的每个人分享着一切美丽与芬芳，分享这充满着浪漫与迷情的一片紫色花海。

初夏的普罗旺斯是薰衣草的王国，天空蓝得通透明澈，空气像新鲜的冰镇柠檬水沁入肺里，心底最深处如有清泉流过，直想歌啸。漫山遍野的薰衣草让人狂喜不已，自行车上、牛头上、少女的裙边插满深紫浅蓝的花束，整个山谷弥漫着熟透了的浓浓草香。田里一垄垄四散开来的薰衣草和挺拔的向日葵排成整齐的行列一直伸向远方，田边斜着一棵苹果树，不远处有几栋黄墙蓝木窗的小砖房子。

阳光洒在薰衣草花束上，是一种泛蓝紫的金色光彩。当暑期来临，整个普罗旺斯好像穿上了紫色的外套，香味扑鼻的薰衣草在风中摇曳。通常每年的5～10月是薰衣草开放的时分，而当中更有“薰衣草节”及嘉年华，即售卖关于薰衣草的产品如香水、香薰油、干花等的节目。在普罗旺斯，最出名的要数凡度山谷的薰衣草节，具体的内容是镇上的男女老少穿着19世纪的农夫、更夫、淑女、乡绅的布衫绸服，骑坐着100年前的脚踏车、马车，牵着他们的牛、羊、鸡、鸭，带上他们用熏衣草做的肥皂、香水，塞满熏衣草花籽的药枕头和当地产的蜂蜜牛轧糖、水果香瓜、陶器泥塑等到村外的树林里摆摊子。青年男女和孩子们围成圈跳普罗旺斯舞，女子是镇上的小学老师，脸红扑扑的，胸高臀翘，几个男子的身材又高又大，跳起舞来却很轻快。那般场景只会让人联想起4个字来——纯真年代。

普罗旺斯的乡村风景和灿烂阳光，一直以来都是许多画家与作家的灵感泉源。无论塞尚、凡高，或是莫奈、毕加索和夏卡尔的画笔下，都曾频频出现过这片充满色彩的阳光土地。然而真正让普罗旺斯一下子名声大噪起来的，仍是英国前广告人彼得·梅尔所写的《山居岁月》。其实《山居岁月》中让人印象深刻的好东西很多很多，美味的“教皇城堡”葡萄酒，比金子还昂贵的松露，悠闲舒适浪漫的乡村生活，还有当地朴实却不失诙谐风趣的农夫。不过，比起这些来，最最美丽的仍要数那满山遍野的紫色花田，在那里，大片大片的熏衣草无所顾忌地盛开，在你我的眼前迎风摇曳，交织出一片紫色的梦境……

**相关链接：**

## 富良野，北海道的私房花园

2009年的贺岁影片《非诚勿扰》红透半边天，片中日本北海道迷人的自然风光一定也很让你怦然而心动吧。说到夏天的北海道，绝对不能错过富良野的熏衣草花田，盛开的熏衣草将整个富良野染成一大片紫色，夏日成为富良野最美的季节。

由于富良野的气候类似法国南部的普罗旺斯，在昭和30年(1955年)开始种植熏衣草提炼香精。尔后随着人工香料的普及，栽培熏衣草的农家逐渐减少，最后只剩下富田农场的富田忠雄。没想到，就在快要放弃的时候，一位摄影家拍下农场里美丽的熏衣草花田，经杂志刊登后，引来许多大量观光人潮来赏花，让富良野这个小城镇复苏起来，熏衣草田便成为最重要的观光资源与美景象征。

今天，在富良野欣赏熏衣草首选富田农场，可分为5大花区，分别为入口处的花人花田、幸福花田，香水工厂前的花田，蒸馏工厂后方的熏衣草田及后方的彩色花田。尤其是彩色花田，是最具代表性的景观，就像一条从月球也可以看得到的豪华花毯，直直延伸向花田另一面的松林。

整个北海道富良野都是夏季观赏熏衣草的好地方，位于上富良野的日之出公园是富良野熏衣草的发祥地，亦是日本最早也最广的熏衣草花田。每年一到初夏时节，整个丘陵的斜面坡即被整片的紫色覆盖，壮观的画面不知打动多少人心。

丘陵的高处有展望台，可360°眺望熏衣草花田、上富良野的原野景观及十胜岳，绿色与紫色随着山坡起伏，视野极佳。而在日之出公园拍纪念照最好的留影角度，当然是在展望台前的“爱之钟”，白色的爱之钟与紫色的熏衣草相互交会，成为许多恋人互诉心愿情愫的绝佳地点，说有多浪漫就有多浪漫，如果你够幸运，还可以看到在梦幻紫色的熏衣草花田中举行的婚礼喔！

# 迷醉在斯卡保罗集市

“你去过斯卡保罗集市吗？

那遍布芫荽、鼠尾草、迷迭香和百里香的小山坡，

代我向那儿的一位姑娘问好，

她曾经是我的爱人，

叫她为我做件麻布衣裳……”

20世纪50年代的欧洲，曾流传着这样一个故事：无情的战争召唤着年轻的士兵离开了热恋的故土与亲人，告别了心爱的女孩，投入了滚滚硝烟之中。潮起潮落，他最终没能躲过战火的淘洗，掩埋在了凄凉的乱坟冢间。孤魂缥缈，无所寄从，每当忆起他再也不能回到那朝思暮想的家乡，再也无法与心上人一同享受生活的甘甜，心中的悲愤化作一声声催人泪下的控诉。于是，后来便有了这首《斯卡保罗集市》。

《斯卡保罗集市》也是美国20世纪60年代最受大学生欢迎的电影、1968年奥斯卡获奖片《毕业生》（达斯汀·霍夫曼主演，其成名作）中的主题曲。然而，我们现在在这里大书特书这首英文老歌，却是为了歌中唱到的4种香草——parsley sage rosemary and thyme，芫荽、鼠尾草、迷迭香和百里香。

芫荽，大名鼎鼎的香菜是也，其中所含的芳柠醇是制作女性香水的好原料，也有催情的功效。鼠尾草，古希腊人、罗马人眼中“神圣的药草”和“智慧之草”。迷迭香，别称“海洋之露”，在许多流传于欧洲的民间历史传说中，经常被人们定义为爱情、忠贞和友谊的象征。至于百里香，传说它是希腊神话中的绝世美女海伦因不忍心无辜牺牲的生命而留下的一滴滴眼泪化成的，此外中世纪欧洲的妇女也将百里香绣在出征勇士的战袍或围巾上，以传达爱意、鼓舞勇士、保佑平安。4种香草的名字，纠缠在清新悠扬的旋律中，扑朔迷离纷至沓来，给人以莫名的感受。这

感受缱绻在空气中，久久不曾散去，如轻轻的灵魂低诉，如不能理解的弦外之音，它找到心里一点通透的灵犀，轻快地飞了进去，不留一点痕迹。

然后，叫人难以释怀的还有在网上蹿红的《斯卡保罗集市》的诗经体译词：“问尔所之，是否如适？蕙兰芫荽，郁郁香芷。彼方淑女，凭君寄辞。伊人曾在，与我相知。嘱彼佳人，备我衣缁。伊人何在，慰我相思……”作为20世纪最出名、最成功的美国民谣之一，它和我们中国的诗经之间竟然有着那么一种很微妙的契合，纵然一个是公元之前，而另一个是百世以后。仔细聆听它的旋律，仿佛是一阵清风，夹杂着野草、野花的苦寒轻香，在大地上缓缓掠过，一个白衣飘飘的人摇着木铎，边走边呼唤着苍穹，在一望无际的大地与村庄之间采集梦幻。这些莫名的联想动人心弦，而在遥远异邦的文明之中，能寻出这样令人心折的古中国意韵，殊为难得。

# 楚辞中踏歌而来的香氛

在许多人眼里，香草一直“很西洋”，其实这样的认知既对也不对。

说它对，是因为现如今最时尚的那些香草品种原产地几乎都在西洋，所以有那么多欧美人士才对打理他们的香草花园乐此不疲嘛。

而说它不对呢，那又是因为，倘若你将香草的外延无限扩大成为芳香植物以后，就会发现，香草们决非只有西洋血统，它同样也“很中国”。

比方说，早在2000多年前楚辞泛黄的诗笺里，我们就能寻觅到香草的芳踪。这一缕香氛踏歌而来，穿越了长长的时空隧道到今天，依旧缠绵，悠远。

说楚辞必要首推《离骚》，屈大夫当年的代表作嘛。那时候的屈原寻吟低徊于江边，以诗歌抒臆胸怀，在俯仰之间，忽然嗅到阵阵芳香扑鼻，顿感抑郁全散，遂悟得香气能正人心思，于是就以香花、香草来比喻君子的高尚情操。

比如他写“纷吾既有此内美兮，又重之以 能；扈江离与辟芷兮，纫秋兰以为佩”这里的江离、白芷、秋兰都是香草，表面上说自己采集与佩带这些香花、香草，实则借喻他拥有众多内在的美质和奇异的才能。

又比如他写“昔三后之纯粹兮，固众芳之所在；杂申椒与菌桂兮，岂维纫夫蕙茝” 这里的申椒、菌桂、蕙茝也是香草，借此赞美三位古代的贤君，品德纯美，重用贤才，他们那里成为各种香花、香草即贤德人才汇集的处所。

还有像“余既兹兰之九畹兮，又树蕙之百亩；畦留夷与揭车兮，杂杜蘅与芳芷”则以兰、蕙、留夷、揭车、杜蘅、芳芷等香草比喻贤才，描绘自己是如何不辞辛苦地为国家培养优秀人才。

再有像“掔木根以结茝兮，贯薜荔之落蕊；矫菌桂以纫蕙兮，索胡绳之纚纚”又是以茝、薜荔、菌桂、蕙、胡绳等香草来形容美好而精粹的道德情操，说自己正不断地加强品德修养。

相形于《离骚》浓郁的政治色彩，《九歌》里的香草就要浪漫和纯美了许多。

纵然湘君与湘夫人的爱情传说千古流芳，只是如果没有了香草的芳馨来点缀和映衬，又该减却多少风情呢?

“驾飞龙兮北征，邅吾道兮洞庭。薜荔柏兮蕙绸，荪桡兮兰旌。”湘君驾起飞龙一样的桂舟赶往洞庭湖中的君山去见湘夫人，船上挂着薜荔编成的帘子，香蕙织成的帐子，香兰做成的旗帜，船桨则是香荪制成的，他对湘夫人思之深切，情之忠贞，香草为证!

对于湘君的滴水之情，湘夫人更涌泉以报。“筑室兮水中，葺之兮荷盖。荪壁兮紫坛，匊芳椒兮成堂。桂栋兮兰橑，辛夷楣兮药房。罔薜荔兮为帷，擗蕙櫋兮既张。白玉兮为镇，疏石兰兮为芳。芷葺兮荷屋，缭之兮杜衡。合百草兮实庭，建芳馨兮庑门。”她用香草筑起爱巢，耐心等候着与湘君的欢聚。他们的新房荷叶毡在房顶上，紫贝坛来香荪墙，椒泥涂壁香满堂，兰作椽来桂作梁，辛夷门楣白芷房，编结薜荔作帷帐，蕙草隔扇已安放，荷叶房上铺白芷，杜衡环绕四面墙，各种香花种满院，再用香草建香廊。呵……真真好一派良辰美景奈何天，赏心乐事谁家院呀。

再看那个美丽而多情的山鬼，驾着辛夷木制成的香车，车上悬挂着用桂枝编结成的旗帜，去赴情人的约会。站在香车上的她披石兰为衣，系杜衡为带，两眼含情，面带微笑，手持香花一束，准备献给日思夜想的情人。“乘赤豹兮从文狸，辛夷车兮结桂旗。被石兰兮带杜衡，折芳馨兮遗所思。”试想，又有谁能不为这样一位温柔又可爱的女子而心驰神往呢? 这便是香草美人挡不住的魅惑力罢。

# 熏衣草，爱情草

相关链接：

## 台湾青春偶像剧《熏衣草》剧情

梁以熏患有先天复杂性心脏病，从小体弱，甚至连体育课都被请在一旁纳凉。在这样孤单的日子里，只有一个人伸出援手，那就是默默守候他的同班同学季晴川。两人两小无猜的行径，甚至被同学起哄。小川要全家移民美国了，出国前一天，他别别扭扭地把阿熏叫出来，带着以熏到他的一个秘密基地——废弃花坊，给了以熏一个熏衣草瓶，并许下承诺，在阿熏20岁生日那天，两人约在小学见面。转眼阿熏20岁了，在一家牧场的花房工作，在那里，她得知熏衣草的花语是“等待爱情”。以熏有3个死党，其中牧场小开小童，是个阳光般的大男孩，偷偷爱慕着以熏。当他知道以熏希望盖一间四季开满熏衣草的玻璃花坊时，便一直默默努力实现这愿望……电视上出现一个偶像明星LEO，听说是国外回来的，不但长得帅，还非常有才气。还听说他非常喜欢熏衣草，即将举办一场名为“寻找熏衣草恋人”的演唱会。回家的路上，阿熏终于看到这位传闻偶像的海报，她一眼就认出他是当年的小学同学季晴川，不确定的是，他想找的初恋情人是不是自己？接下来，LEO和阿熏的相认与相恋之路却一波三折磨难重重，直到阿熏病发撒手人寰……

当我在心里想起熏衣草，这“宁静的香水植物”时，首先想到的是它的花语——等待爱情。

我们大陆的民众开始认识熏衣草，似乎多半源于台湾青春偶像剧《熏衣草》的热播。剧中那个名字里有个“熏”字的女孩，与自己青梅竹马的初恋男友有一个以熏衣草为信物的浪漫约定。一年一年，光阴流逝，她用心守护着那个装有熏衣草干花的玻璃瓶，用心种植着熏衣草，等待花开，等待爱情。

风　伴着花谢了又开　雨　把眼泪落向大海

现在的我才明白　你抱着紫色的梦　选择等待

守着黑夜的阳光　难过却假装坚强　等待的日子里你比我勇敢

记忆是阵阵花香　一起走过永远不能忘

风吹起花的香味就像你的爱

如同它主题歌的流行速度一般，熏衣草迅速走红，甚至连他们的爱情信物，那种装有熏衣草干花的小小玻璃瓶也变成热卖的商品，风行一时。我惊叹快餐文化时代人们情感的脆弱与不堪一击，熏衣草抒情却忧郁的花香带来的浪漫爱情故事如梦似幻，成了物质社会的终极奢侈品，转眼之间，化为清冽的甘泉，汩汩流淌，滋润着我们日渐干涸的心田。

其实熏衣草的故乡在欧洲地中海沿岸地区，比如我们前边说过法国南部的普罗旺斯就以盛产熏衣草而闻名于世。所以对于生性浪漫的欧洲人来说，他们对熏衣草的迷恋程度远远超过了我们的想象。他们同样也相信，熏衣草就是真爱的象征，因此在民间，用熏衣草祈求和占卜爱情的习俗俯首皆是。在英国的伊丽莎白时代，情人之间常常互赠熏衣草来表达爱意。传说这个时期的英国国王查理一世就是个典型的多情种，他在追求情人时，曾将一袋干燥的熏衣草，系上金色的缎带，送给自己心爱的人。而在爱尔兰，当地人则将熏衣草绑在桥上，以祈求好运到来。除此以外，还有用熏衣草来熏香新娘礼服，或者在婚礼上撒熏衣草小花的做法，都可以带来幸福美满的婚姻。更加神乎其神的是，据说放一小袋干掉了的熏衣草在身上，可以让你找到梦中情人；还有当你和情人分离时，可以藏一小枝熏衣草在情人的书里面，在你们下次相聚时，再看看熏衣草的颜色，闻闻熏衣草的香味，就可以知道情人有多爱你，如此云云。

20世纪80年代，等待爱情的熏衣草更在英国的新前卫摇滚乐团Marillion（海狮合唱团）的专辑《错位的童年》（Misplaced Childhood）中做了一回情歌的主角，甜蜜而直击人心的熏衣草，受到了极大的欢迎。

“我漫步在公园里，若有所思。公园的洒水器嗞嗞作响，洒水在夏日的草地上，交织出迷雾与彩虹。孩子们在彩虹中追逐玩耍，唱着歌，他们在为你而唱，一首我早就想写给你的歌……”歌曲一开头，就为我们勾勒出一幅美到蚀骨的画面，接下来有关Lavender的一段，据说采集自古老的英国民间童谣，我尝试着用自己的语言把它译出来，希望没有丢失那字里行间朴素的纯情。

熏衣草呀，遍地开放。
蓝花绿叶，清香满怀。
我为国王，你是王后。
抛下硬币，许个心愿。
爱你一生，此情不渝。

# 轻松打理私房香草园

渴望有氧绿生活，
想要拥有一个芳香天地，
打理出漂亮的私房香草园，
其实很简单。
只要懂得了香草们的脾气，
用心照顾，悉心呵护，
你就能轻轻松松进阶，
成为时尚的香草达人。

# 罗勒

养护难度指数：★★★

**观赏期：日常观叶，6～8月观花**

**花语：协助**

罗勒，又有别名九层塔、金不换、圣约瑟夫草，是一种矮小、幼嫩的唇形科香草植物。罗勒的家族庞大，成员众多，我们在市面上经常能见到的品种有甜罗勒、圣罗勒、紫罗勒、绿罗勒、密生罗勒、肉桂罗勒、柠檬罗勒等。而它们的香味通常也随品种而不同，一般会散发出如丁香般的芳香，也有略带薄荷味，稍甜或带点辣味的。

罗勒原产地在印度、西亚等地，印度人视其为神圣的香草，是天神赐给人类的恩典，所以他们认为佩带罗勒叶片可以避邪。另外，在法庭上发誓的时候，也必须以罗勒为誓。传说罗勒的花朵长得像怪兽Bajirikass，因而它的英文名叫做Basil，有着“香草之王”的美誉。

罗勒品种繁多，值得推荐的有甜罗勒：它的叶片亮绿，花白色，花茎较长，分层较多。斑叶罗勒：它的茎干深紫，花朵紫色，甚至叶片上也有漂亮的紫色斑点。柠檬罗勒：全植株具有柠檬芳香，开花的时候花朵的柠檬味最浓、最纯。非常适合入门级的香草新手种植，发芽率极高而且零虫害，非常容易照顾以及料理。紫罗勒：它的全株都呈暗紫红色，叶片卵形，表面微皱，夏季开浅粉色小花。因为叶色独特，特别适合与其他香草品种搭配成组合盆栽，有着上佳的色彩表现，时尚感很强。绿罗勒：有着鲜嫩明快的翠绿色，花数量很大，形成很小的花簇，花色由玫瑰色至白色，与叶片深绿的颜色形成鲜明的对比，是很棒的园艺观赏品种。密生罗勒：因为能长出大量的枝条，让它的整个植株十分繁密，看上去就像一个密密的、翠绿色的圆球，所以无论种在花盆中或放在花瓶中，都有着金牌级的园艺观赏价值。

6月14日。受到这种花祝福而生的人具有慧眼识英雄的特异功能，能一眼看透朋友的潜力，并协助他人发挥所长。甚至会鼓励自己的亲密伴侣，且适时地提供帮助，实在是一位不可多得的幕后英雄。

## 栽培管理

**环境和光照：** 喜欢温暖湿润的生长环境，耐热但不耐寒，耐干旱，不耐涝，整个生长期需要充足的阳光。

**栽培介质：** 对土壤要求不严格，盆栽以土质肥沃、排水良好的沙质壤土为佳。

**繁殖方法：** 可用扦插繁殖或播种繁殖，家庭栽培一般以播种繁殖为主。种子均匀撒播于育苗盆，种子需光不可覆土，采用浸盆法吸足水后置于阴凉处，盆上可覆一层保鲜膜以保持盆土湿润，约1周时间发芽。发芽后移至日照充足处，株高10厘米时上盆定植。在抽出花穗前需要及早摘心，通常在主茎发育到20～30厘米或本叶长到8～12枚叶片时，保留茎部下面4～6片叶摘心，以促进分枝。

**水分：** 日常浇水视盆土干燥情况3～4天1次。

**肥料：** 每2周施用一次有机肥即可生长良好。

**病虫害：** 抗逆性强，病虫害很少发生。

**其他：** 寒冷的冬季不适合罗勒的生长，当温度低于12℃时，叶片开始黄化。

**发芽适温：** 15～25℃

**生长适温：** 20～30℃

**装饰建议**

适合用于装饰客厅、餐厅，通常可搭配红陶盆、石质盆或其他素色瓷盆，摆放在桌子、茶几、角柜上，作为家居的点缀。

养护难度指数：★★★

# 紫苏

**观赏期：日常观叶，6～7月观花**

**花语：平凡**

紫苏顾名思义就是紫色的香草植物。它的叶片大而紫红，带皱褶，边缘有深锯齿，相当漂亮。当然也有正面绿色背面紫色的品种，而它的香味是一种清凉型的芳香。因为色紫，紫苏的汁液又是天然的色素原料，可供糕点、梅酱等食品染色之用。比如东北人爱吃的紫苏糕，色泽紫红，香甜松软，咬下去，满口奇香，好吃得不得了。

另外特别值得一提的是紫苏有药用价值，所以平常在中药铺子里我们都能见到它的身影。紫苏具有解表散寒、行气和胃的功效，可用于风寒感冒，咳嗽气喘，妊娠呕吐，胎动不安，还可解鱼蟹中毒。传说三国时代的名医华佗发现它解鱼蟹中毒有奇效，从此它就成为中药大军中的一员了。通常来说，采作药用的紫苏鲜品以叶片大、色紫、不带枝梗、香气浓郁者为佳。

## 栽培管理

**环境和光照：** 性喜光照，喜温暖、湿润及通风良好的环境。

**栽培介质：** 对土壤要求不高，适应性较广。但选择表土不易板结、通气保水性好、含腐殖质较高的肥沃土壤能生长更好，而以微酸性的壤土和沙壤土栽培最宜。

**繁殖方法：** 家庭栽培一般以播种繁殖为主。播种于春季进行，将种子拌上细沙，均匀撒入盆内，稍加镇压，采用浸盆法吸足水后置于阴凉处，盆上可覆一层保鲜膜以保持盆土湿润，10天左右出芽。发芽后移至日照充足处，株高15厘米时上盆定植。

**水分：** 紫苏叶片较大，日常浇水视盆土干燥情况约2天1次，雨季应注意排水防涝。

**肥料：** 每2周施用1次有机肥即可生长良好。

**发芽适温：** 15～25℃

**生长适温：** 20～30℃

**装饰建议**

适合用于装饰客厅、餐厅，通常可搭配红陶盆、石质盆或其他素色瓷盆，摆放在桌子、茶几、角柜上，作为家居的点缀。

养护难度指数：★★★

# 薄荷

**观赏期：常年观叶**

**花语：美德、再爱我一次**

薄荷是人们极为熟悉的香草植物，也是世界三大香料之一，号称“亚洲之香”。含有薄荷脑的成分，所散发出来的芳香带有一种清凉感，能让精神为之一振。

希腊神话当中说，冥王哈得斯爱上了美丽的精灵曼茜，冥王的妻子佩瑟芬妮十分嫉妒。为了使冥王忘记曼茜，佩瑟芬妮将她变成了一株不起眼的小草，长在路边任人踩踏。可是内心坚强善良的曼茜变成小草后，身上却拥有了一股令人舒服的清凉迷人的芬芳，而且越是被摧折踩踏就越浓烈，这香草就是今天的薄荷。

薄荷的种类极多，有专门用来提炼精油的日本薄荷、苏格兰薄荷；适合泡茶或是制作点心食用的苹果薄荷、莱姆薄荷、胡椒薄荷等。而值得推荐的园艺观赏品种有金钱薄荷和斑叶凤梨薄荷，它们的出彩之处在于叶缘都有不规则的白色斑块，尤其是金钱薄荷，叶片形状为美丽的扇形且带锯齿，煞是动人。

此外，薄荷也是一味大名鼎鼎的中药，有着疏风、散热、辟秽、解毒的功能，可治疗外感风热、头痛、目赤、咽喉肿痛、食滞气胀、口疮、牙痛、疮疥、隐疹。

## 栽培管理

**环境和光照：** 薄荷好种易养，既耐热又耐寒。性喜湿润，但不耐涝，整个生长期需要充足的阳光。

**栽培介质：** 对土壤适应性广，除过于瘠薄或酸性太强外，都能栽培。最喜欢潮湿肥沃的土壤。

**繁殖方法：** 可以用播种繁殖，但家庭栽培一般以扦插繁殖为主，因为扦插最为简单、常用。薄荷的扦插繁殖可用水插法或直接土插，春、秋两季都可以进行，成活率皆相当高。

**水分：** 日常浇水视盆土干燥情况3～4天1次。

**肥料：** 每2周施用1次薄肥即可生长良好。

**病虫害：** 夏季高温期间需防治红蜘蛛。

**生长适温：** 20～30℃

**装饰建议**

通常可搭配红陶盆、石质盆或其他素色瓷盆，用于装饰客厅、餐厅，摆放在桌子、茶几、角柜上，作为家居的点缀。另外，薄荷叶色碧绿清雅，又有提神醒脑的香味，而且还是一种能够助学生考试好运的吉祥植物，所以也很适合摆放在书房中作为装饰；或者摆放在浴室中也具清新、净化空气和美化环境的功效。

**购花建议**

宜挑选枝节间短，枝叶茂盛且分枝较多；植株低矮匍匐，香味清新浓郁，叶片无病斑、虫痕；斑叶品种以斑纹清晰者为佳。

养护难度指数：★★★

# 熏衣草

**观赏期：日常观叶，花期为6～8月，各品种不一**

**花语：等待爱情，清雅、女人味**

在香草的大家族中，熏衣草的名字恐怕算得上发聋振聩罢。它原产于地中海地区，品种繁多。像羽叶熏衣草以及齿叶熏衣草、甜熏衣草、英国熏衣草、法国熏衣草、宽叶熏衣草以及由英国熏衣草与宽叶熏衣草杂交的intermedia品系熏衣草，我们都经常听说。其中羽叶熏叶片好像灰绿色的羽毛，花序紫蓝色，像小麦穗，相对比较耐夏季高温一些，若栽培得当，可开花不断，因此在花市上是很受欢迎的园艺观赏品种。值得推荐的还有英国玫瑰熏，它的花穗挺直，花朵为罕见的粉红色，而且气味极其芳香，是熏衣草中的珍品。

熏衣草自古便被认为是具有神力的一种药草。欧洲中古时就有这样一个传说：一个美丽的村女见一位风度翩翩的英俊绅士，连续好几天和他幽会，甚至还跟他约定要一起私奔。不过，在他们约定要私奔的前一天，村女突然对绅士的身份起疑，于是偷偷带了一把熏衣草在身上。第二天，当绅士出现要带她远走高飞之际，村女拿出熏衣草花束投掷在她的爱人身上，原来绅士竟是可怕的魔鬼变成的，露出原形的魔鬼又惊又怒，但又害怕熏衣草的神圣力量，只好逃之夭夭。

熏衣草又被称作“宁静的香水植物”，它的气味芬芳怡人，所以备受推崇和喜爱，素有“芳香药草之后”的美誉。它能够舒缓紧张情绪、镇定心神、平息静气，并改善失眠问题。用于皮肤可愈合伤口，去疤痕、控油、再生、消炎、修复作用多多。

在日常的家居生活中，熏衣草同样用处多多。比如采集花序干燥后可以直接放在室内熏香，或用来泡澡享受一回纯天然的香氛Spa。而以它的精油为香料制成的香

水、香皂，或用干花制成的花草茶、香囊、香草枕等等，更是当下热卖的时尚品，被都市里的小资一族大爱和追捧哦！

## 栽培管理

**环境和光照：** 栽培场所需日照充足，通风良好。

**栽培介质：** 可以将1/3的珍珠石、1/3的蛭石、1/3的泥炭苔混合后使用。

**繁殖方法：** 种子因有较长的休眠期，播种前应浸种12小时，然后用20～50毫克/千克赤霉素浸种2小时再播种。播种后盖上一层细土，厚度为0.2厘米，采用浸盆法吸足水后置于阴凉处，盆上可覆一层保鲜膜以保持盆土湿润。保持15～25℃，约10天即可出苗，如果不用赤霉素处理则要1个月方能发芽。发芽后需适当光照，弱光照易徒长。苗期注意喷水，过密时可适当间苗，待苗高10厘米左右时可移栽。

**水分：** 应注意排水良好，根部不可水分过多，否则很容易死亡。日常浇水视盆土干燥情况4～5天1次。

**肥料：** 生长期10天施肥1次，有机肥及复合肥交替施用。

**其他：** 夏季炎热的地区，最好将熏衣草转移到阴凉通风的地方，至少遮去50%左右的阳光，避免长期高温暴晒，并停止施肥。春、秋两季是最适合熏衣草生长的季节，应给予全日照。冬季，则可根据熏衣草不同品种的耐寒程度来养护。

**发芽适温：** 18～24℃

**生长适温：** 15～25℃

## 装饰建议

通常可搭配红陶盆、石质盆或其他素色瓷盆，用于装饰客厅、餐厅，摆放在桌子、茶几、角柜上，作为家居的点缀。另外，熏衣草有很好的舒缓紧张情绪、安神的功效，所以也很适合摆放在卧室中起到助眠作用。

## 购花建议

宜挑选枝叶茂盛、香味清新浓郁、花苞数量较多、且有1/3已经开花者为佳。

# 百里香

**观赏期：日常观叶，6~8月观花**

**花语：勇气、吉祥如意**

市面上常见的百里香栽培品种有宽叶百里香、柠檬百里香、浓香百里香、铺地百里香等。这些唇形科百里香属的植物皆为带有浓郁香味的常绿小灌木，茎成蔓状，高不过尺，依地而生，叶片细小密集。每当春、夏之际，成片的百里香绿茵如毯，粉色的小花香味扑鼻，随风散发着阵阵清香，尤为玲珑雅致可爱。

16世纪的一位吟游诗人，称百里香的香气为“破晓的天堂”，因为它闻起来清新迷人、自然舒服，有如天堂般的纯洁美丽。传说希腊神话中绝世美女海伦娜因不忍心无辜牺牲的生命而留下的泪水一滴滴化成了百里香。中世纪妇女将百里香绣在出征勇士的战袍或围巾上，以传达爱意、鼓励勇士、保佑平安。还有据说害羞的男人喝一杯百里香茶，就能鼓起勇气追求所爱。

百里香自古以来就被视为药用植物，全草可入药，今天也在芳香疗法中被广为应用。可促进消化、恢复体力、保护呼吸道、止咳化痰、预防感冒、减轻妇女经痛、消除疲劳、提神、抗风湿等。此外，如果沐浴时在洗澡水里加入百里香液汁或是投入新鲜枝叶，可解除疲劳，恢复精力和体力。但要注意的是，如果你是正怀着宝宝的幸福准妈咪，那么还是尽可能地远离它吧。

**生辰花：**

1月8日，黄百里香的花语是轻快。凡是受到这种花的祝福而生的人才气洋溢，他轻快的言行举止，不知迷死了多少人呢？但由于有时显得太过于奔放，令人不敢恭维，所以在心爱的人面前，要稍微控制点哦。

## 栽培管理

**环境和光照：** 能适应半日照的光照条件，但在全日照的环境中生长最好。

**栽培介质：** 喜欢透气性、排水性良好的沙质壤土，盆栽以混入适量粗河沙或蛭石的疏松土壤为宜。

**繁殖方法：** 扦插繁殖是最常用、也是最为简单方便的繁殖方法——只要不是过热或者天气寒冷，就都可以进行。剪取5～8厘米长的新鲜且生长健壮的带顶芽嫩枝作为插穗扦插，夜温不低于10℃，很快就可生根。

**水分：** 盆土表面干后再补充水分，有利于根系呼吸及生长，4～5天浇1次。

**肥料：** 不需要浓肥，10～15天施用1次稀薄的复合肥水。夏季长势衰弱时不要施肥。

**其他：** 百里香喜欢凉爽的气候，比较耐寒。酷热的夏季中，应给予适当遮阴降温。

**生长适温：** 20～25℃

**装饰建议**

适合用于装饰客厅、餐厅，通常可搭配红陶盆、石质盆或其他素色瓷盆，摆放在桌子、茶几、角柜上，作为家居的点缀。

# 迷迭香

养护难度指数：★★★★

**观赏期：常年观叶，12月至翌年4月观花**

**花语：纪念**

迷迭香有个极为雅致动听的别名叫“海洋之露”。这种多年生的常绿小灌木有直立型、半匍匐型和匍匐型之分，革质的叶片为并不多见的灰绿色，细如针状。春季开唇形小花，有蓝色、淡紫、粉红或白色。它的香气浓郁，有类似樟脑的味道，稍稍有些刺激感。

基督教中关于迷迭香的传说是这样的：当耶稣在逃离犹太荷洛铁王往埃及的途中时，曾经把他洗好的衣服晾在迷迭香树丛上，耶稣的能力赋予在迷迭香身上，就产生了许多药效，变成一种从古至今家喻户晓、炙手可热的芳香植物。另外，根据另一个古老的传说，迷迭香的花本来是白色的。在圣母玛丽亚带着圣婴耶稣逃往埃及的途中，圣母曾将她的蓝色罩袍挂在迷迭香树上，从此之后迷迭香的花就转为蓝色了。因为这诸多的宗教传说，迷迭香自古以来就被认为具有神的力量，有着驱魔避邪的功能。古代欧洲人将它种植在教堂四周，是圣洁的象征，所以有着“圣母玛丽亚的玫瑰”的美名。在欧洲的民间传说中，迷迭香只有在正义人士的花园里才会生长，另外还可以放在枕头里以驱逐噩梦。

此外，迷迭香也有着奇妙的药用价值。取它的新鲜枝叶或干燥枝叶数支，在泡澡时撒入，浸泡使用，可促进血液循环、减轻肌肉疼痛。用迷迭香醋（迷迭香泡醋1个月）洗发，可治疗秃发、掉发。迷迭香加菊花一起饮用，可解除因压力紧张引起的头痛。体质畏寒、循环系统不良的人，定期使用迷迭香可改善体质。

这里特别需要提醒一下香草的爱好者们，居家栽植迷迭香注意定期修剪，让它的枝丫造型看起来比较匀称和圆整，这样可大大提高它的观赏性哦。

## 栽培管理

**环境和光照：** 能适应半日照的光照条件，但在全日照的环境中生长最好。

**栽培介质：** 喜欢透气性、排水性良好的石灰质壤土，盆栽栽培时，可以用培养土混合蛭石及珍珠石（比例大约为2：1：1）使用。

**繁殖方法：** 迷迭香播种发芽率比较低，且不如扦插便捷，因此，家庭园艺中可以结合修剪来进行扦插繁殖。一般选取生长健壮的枝条，按从顶端算起约10厘米的长度剪下，去除枝条下方约1/3处的叶片，直接插在基质中，保持湿润，20天左右即可生根。

**水分：** 日常浇水视盆土干燥情况3～4天浇1次。

**肥料：** 不需要浓肥，约半个月施用一次稀薄的复合肥水。在现蕾期、抽穗开花前，可适当增加，以利于开花。

**其他：** 迷迭香喜欢温和的气候，酷热的夏季中，应给予适当遮阴降温。

**生长适温：** 15～30℃

### 装饰建议

适合用于装饰客厅、餐厅，通常可搭配红陶盆、石质盆或其他素色瓷盆，摆放在桌子、茶几、角柜上，作为家居的点缀。

### 购花建议

以挑选枝叶茂盛且分枝较多、株形匀称、香味浓郁、叶片较少枯萎者为佳。

# 鼠尾草

养护难度指数：★★★

**观赏期：日常观叶，7～10月观花**

**花语：健康与长寿、尊敬、和睦**

鼠尾草为唇形科鼠尾草属多年生草本丛生植物，原产于地中海沿岸及南欧。花市上比较常见的鼠尾草园艺品种有原生鼠尾草、黄金鼠尾草、三色鼠尾草、粉萼鼠尾草、凤梨鼠尾草等。它灰绿色的植株低矮丛生，每到夏季，蓝紫色或白色的小花缀满枝丛，十分美丽。它散发出的香味是一种药草的气息，又带点坚果香，有些厚重的感觉。

鼠尾草的拉丁名为*Salvia officin.alis*，其意即为药用植物。古希腊人、罗马人将鼠尾草称为“神圣的药草”、“智慧之草”。自古以来，欧洲人都讲究在自家小院、门前、屋后或室内、书房种植摆放几株、几十株。他们广泛使用鼠尾草来治疗疾病或保健，因此法国南部有句古谚：“家有鼠尾草，不用找医生”。而现代医学实验证明，鼠尾草可以滋养脑部、增强记忆力；它含有雌性激素，对女性的生殖系统有帮助，可减轻妇女经痛、帮助月经太少者恢复正常；它能促进细胞再生，有利于头皮部位的毛发生长，能抑制皮脂的过度分泌，净化油腻的头发和头皮屑；此外也可杀菌、预防感冒、助消化、降血压等。

关于鼠尾草，还有一则很浪漫的小故事。话说从前，鼠尾草原本是森林中的妖精，但却爱上人类的国王，而国王也同时被热情的鼠尾草吸引着，无奈两个人是不同世界里的人而无法结合，于是两人决定相拥自焚，殉情的两人最后沉入湖底，而从此鼠尾草也意味着“不伦的爱”。

## 栽培管理

**环境和光照：** 喜温暖、干燥的气候以及充足的日照，不耐阴、不耐寒。

**栽培介质：** 以排水良好的沙质壤土或土质深厚的壤土为佳，有利生长。盆栽可用腐叶土或山泥，也可用塘泥加粗河沙混合配制。

**繁殖方法：** 家庭繁殖一般以分株繁殖为主，播种或扦插以春、秋为最适合的季节。种子具有好光性，播后不可覆土，保持土壤湿润，10～15天可陆续发芽。亦可剪取成株萌发的健壮新芽，扦插于干净湿润的河沙或蛭石基质中，可发根成苗。定植后可摘心1～2次，促发分枝，多开花。

**水分：** 日常浇水视盆土干燥情况3～4天浇1次。

**肥料：** 生长期一般每月施肥1次，复合肥及有机肥均可。

**其他：** 酷热的夏季中，应给予适当遮阴降温。忌长期淋雨潮湿，尤其梅雨季节防止积水。花期过后，应予修剪，以促进萌发新枝。

**发芽适温：** 20～25℃

**生长适温：** 15～30℃

**装饰建议**

适合用于装饰客厅、餐厅，通常可搭配红陶盆、石质盆或其他素色瓷盆，摆放在桌子、茶几、角柜上，作为家居的点缀。

# 琉璃苣

养护难度指数：★★★

**观赏期：日常观叶，5～8月观花**

**花语：勇气、机智**

每一个见到开花的琉璃苣的人，都会忍不住被它那美丽而纯净的蓝色花朵而深深打动吧，它太可爱了！花开5瓣，宛如天上一颗颗蓝色的小星，所以它有一个很形象的别名叫做Starflower，即“星星草”。这种紫草科琉璃苣属的一年生香草植物原产于地中海地区及西亚，它的叶片是椭圆形的，全株上下都有一层细密的白色茸毛，开花的时候最美。而它的茎、叶揉碎后有一股子小黄瓜般的清爽口味和气息，是不是也很特别呢？

琉璃苣是欧洲人使用了700年的药草，在法国，琉璃苣曾经被应用于防治热病和肺炎。它的叶片和花为消解心理压力的益肾壮药，能治疗干咳，促进母乳分泌，并在初期胸膜炎、百日咳的治疗处方中采用。从种子中提炼的精油可作为月见草油的代用物，用于治疗风湿、月经不调，外用可治疗湿疹。

琉璃苣的花语为勇气。文艺复兴时期的名画，常用它来装饰圣母玛丽亚的外袍，被称作“勇气之泉”。据说在中世纪的欧洲，当时修道院的后花园里，普遍种植琉璃苣，不仅可供盆栽、庭园栽种观赏外，主要用以治疗多种疾病，被认为是修道士的秘密法宝。欧洲士兵在上战场前，总会插一支琉璃苣在酒杯里，并大声呼喝：“我是琉璃苣，我不畏惧！”用这种方法来提高士气，有助于战争的胜利。

**生辰花：**

4月14日。具有如黄瓜般口味和气味的琉璃苣，经常被当作菜肴的调味品来使用。有的把叶子加在各种菜肴上，增添风味；有的让蓝色的花瓣飘在饮料上，来制造气氛。因此，琉璃苣的花语是和这些创意相辅相成的——机智。凡是受到这种花祝福而生的人，脑筋动得很快，反应灵敏，又勤劳、爱工作。而适合你的人，或许反倒是那种凡事漠不经心的人吧！

### 栽培管理

**环境和光照：** 喜温暖的气候以及充足的阳光，怕寒冷。生长旺盛，栽培容易。

**栽培介质：** 喜肥沃疏松、排水透气性良好的培养土，以腐叶土或山泥为佳，也可用泥炭、田土及少量有机肥混合配制。

**繁殖方法：** 采用播种繁殖，可于春季进行。琉璃苣种子较大，播种容易出苗，播后覆土1厘米左右即可，保持土壤湿润，苗高15厘米可移栽定植。

**水分：** 日常浇水视盆土干燥情况3～4天浇1次。

**肥料：** 一般每半个月施肥1次，复合肥及有机肥交替施用。

**发芽适温：** 15～21℃

**生长适温：** 20～30℃

**装饰建议**

适合用于装饰客厅、餐厅，通常可搭配红陶盆、石质盆或其他素色瓷盆，摆放在桌子、茶几、角柜上，作为家居的点缀。

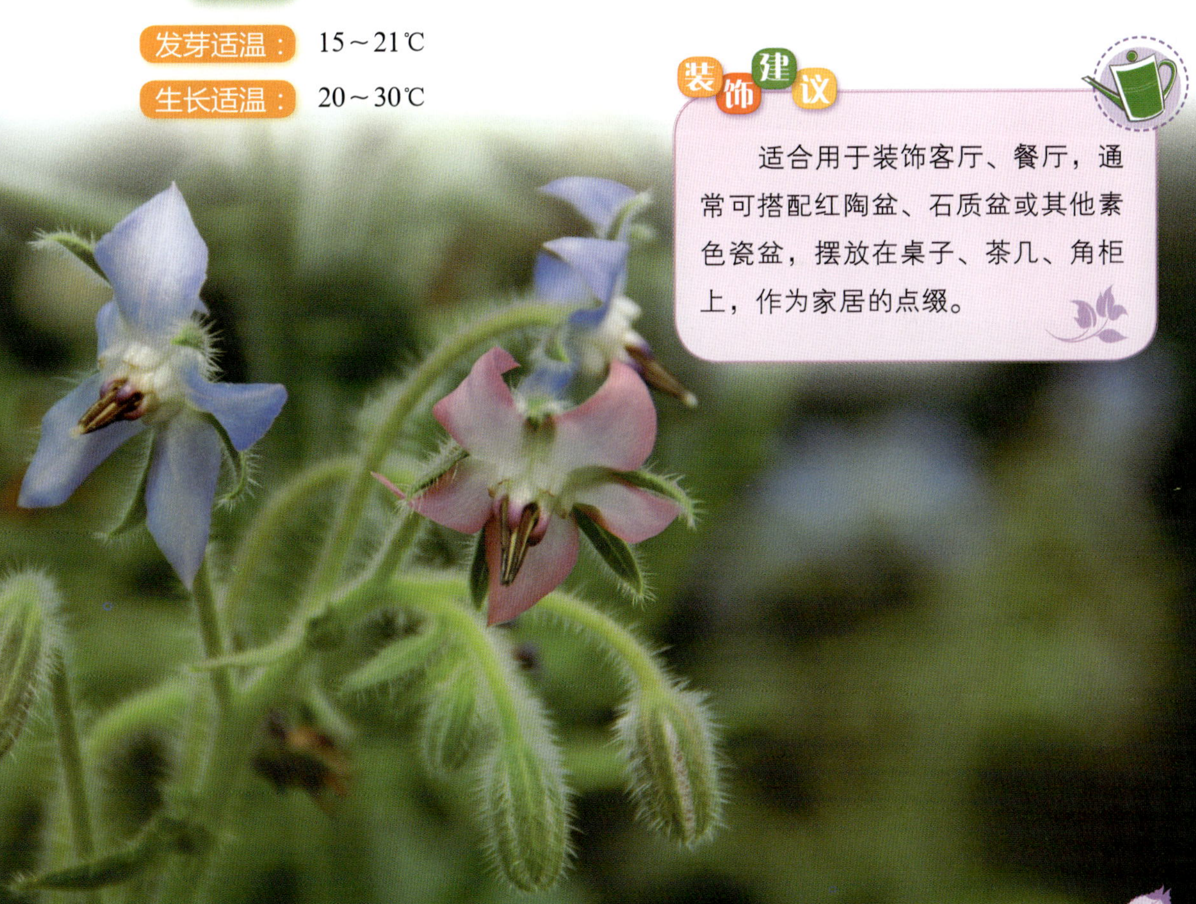

# 蚊净香草

养护难度指数：★★★

**观赏期：全年观叶，5～7月观花**

**花语：守护、保护、安全感**

蚊净香草的外表或许其貌不扬，但却因为有着绿色环保的驱蚊功能而变得很时尚。近些年的夏季一到，不必跑花市，我们在许多超市的园艺区都能见到它的身影。

蚊净香草又名驱蚊香草，是澳大利亚植物学家迪克小组10多年来通过生物工程技术，改变天竺葵植物的染色体结构，从而获得具有新的遗传结构的芳香类天竺葵属多年生观叶植物。它的掌状叶片肥大深绿，边缘有钝齿，开粉红色小花，为伞形花序，看上去和普通的香叶天竺葵颇有几分相似。它兼具天竺葵独特的香味释放功能和另一类植物中内含的香茅醛物质，生长过程中散发出怡人的柠檬清香，具有净化室内烟味等有害气体的功能，是天然的“空气清新剂”，而且也是蚊虫的克星。一盆冠幅20～30厘米的蚊净香草驱蚊面积可以达到10～20米$^2$，尤其适合夜间摆放在卧室里。

当然还得提醒草迷一族的是，蚊净香草只有驱蚊作用，而对蚊子没有杀死功能。为防止蚊子产生适应性，在使用的最初两天，要对房间进行一次较为彻底的灭蚊，然后再开始使用，这样蚊子就被驱逐在房间之外，使你的房间整个夏季都处在无蚊状态之中。

### 栽培管理

**环境和光照：** 蚊净香草喜阴，生长时不能强光照，尤其在夏季要加强遮阴，家庭盆栽一般放在室内莳养。

**栽培介质：** 幼苗期生长极快，所以在幼苗期换盆较勤，6个月以内使用泥炭土6份、蛭石15份、珍珠岩1.5份、煤灰1份的专用自配营养土，pH为中性；6个月以后植株适应性极强，可随意用土。

**繁殖方法：** 主要采用成年植株剪枝扦插，在每年10月份前后将蚊净香草侧枝剪下，剪成长5厘米的小段，用10毫克/升吲哚乙酸浸15分钟，然后斜插于蛭石或河沙苗床上，用薄膜和遮阳网覆盖。每天喷水3～5次，一般10天左右生根，20天新生芽长到5厘米左右时即可上盆移植。

**水分：** 每次换盆后应浇1次透水。日常浇水视盆土干燥情况2～3天浇1次。夏季高温应少浇水。

**肥料：** 春季是植株生长旺盛期，一般每15天施用复合肥1次。夏季高温不要施肥。

**其他：** 在0℃以上可安全越冬，15℃以上可正常散发柠檬香味，温度越高散发香气越多，适当向植株喷水雾，可使香茅醛物质源源不断释放，从而使驱蚊效果更佳。

**生长适温：** 10～25℃

**装饰建议**

通常可搭配红陶盆、石质盆或其他素色瓷盆，摆放在需要驱蚊的房间，尤其适用于卧室。

**购花建议**

以茎节间短，枝叶茂盛，香味浓郁者为佳。

# 洋甘菊

养护难度指数：★★★★

**观赏期：日常观叶，6～8月观花**

**花语：宽裕、长寿**

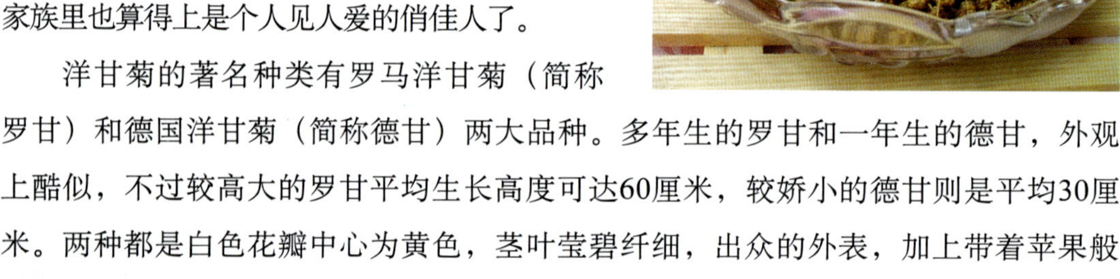

洋甘菊的名气很大，即使你从来没有栽种过它，对这个名字应该也不陌生，因为它是现如今很时尚的花草茶中的代表品种之一。而且因为有美丽的花朵可以观赏，它在以观叶为主的香草家族里也算得上是个人见人爱的俏佳人了。

洋甘菊的著名种类有罗马洋甘菊（简称罗甘）和德国洋甘菊（简称德甘）两大品种。多年生的罗甘和一年生的德甘，外观上酷似，不过较高大的罗甘平均生长高度可达60厘米，较娇小的德甘则是平均30厘米。两种都是白色花瓣中心为黄色，茎叶莹碧纤细，出众的外表，加上带着苹果般诱人的水果清香，让洋甘菊拥有了绝佳的园艺观赏价值。

洋甘菊的名字源自希腊文，意指“地上的苹果”，又称“大地的苹果”，而其拉丁种名*nobile*意指“高贵的花朵”。罗马甘菊被人类利用的历史极早，当时的人们对于疾病总是认为是上天的惩罚，或是遭受鬼魅纠缠，此时负责沟通的祭司或是疾病的医师就经常采用芳香而无害的罗马甘菊来减轻疾病的痛苦；在敬神、葬礼及出征打仗时，罗马甘菊也常扮演重要的角色，作为安定情绪之用。12世纪时期查理曼大帝曾下令广植罗马甘菊，他认为罗马甘菊是医生的工具及餐桌上美味的秘诀。而据卡尔培波的说法，埃及人把这种药草献祭给太阳，因为罗马甘菊能治热病，其他的文献则指称它是属于月亮的药草，因为它有清凉的效果。埃及祭司在处理神经方面的问题时，特别推崇罗马甘菊的安抚特性，它在历史上被尊称为“植物的医师”，因为它可以间接治疗种在它周围的其他灌木。

洋甘菊保健功效卓著，具避暑除烦、清肝明目、心旷神怡、补益保健、活血补血、调经止痛、润肺滑肠、帮助消化的作用。它所含的酯类具有细润皮肤、祛斑消疤、疏风散热、清肝明目、抗炎杀菌、抗感染、抗病毒的强身作用。多年来它被广泛使用于洗发精中，特别是对浅色头发的滋润和增亮效果很好。

**生辰花：**

7月26日。德国洋甘菊是纪念圣母玛丽亚的母亲圣安的花朵，圣安得享高龄后辞世，因此它的花语是长寿。事实上这种花具有降火、镇定神经的效果，对于养生长寿的确有帮助。凡是受到这种花祝福而生的人，很注重养生之道，健康状况良好。谈起恋爱也不愠不火，恰到好处，喜欢踏实、认真地培养感情。

10月5日。把罗马甘菊的茎和叶放在手中搓揉，会产生类似苹果的甜美芳香。英国人通常把它撒在地板或种植在庭院小径上，让行人享受足迹踩过的香气。因为其芬芳的香味能平静心情，也能为心灵开拓宽裕的空间。因此，罗马甘菊的花语是宽裕。受到这种花祝福而生的人，在言语举止上会斟酌再三。因为，凡事留有退路，才能沉着稳定地经营，即使是恋爱也不例外。

## 栽培管理

**环境和光照：** 喜欢日照充足通风良好的生长环境。

**栽培介质：** 以排水良好的沙质壤土或土质深厚、疏松壤土为佳。

**繁殖方法：** 可用扦插繁殖或播种繁殖，家庭栽培一般以播种繁殖为主。种子均匀撒播于育苗盆，种子需光不可覆土，采用浸盆法吸足水后置于阴凉处，盆上可覆一层保鲜膜以保持盆土湿润，约1周时间发芽。发芽后移至日照充足处，株高5厘米时疏苗1次，10厘米时上盆定植，注意摘心以促进分枝。

**水分：** 日常浇水视盆土干燥情况约3～4天浇1次。

**肥料：** 每1～2周施用1次有机肥即可生长良好。

**发芽适温：** 15～20℃

**生长适温：** 5～25℃

## 装饰建议

通常可搭配红陶盆、石质盆或其他素色瓷盆，用于装饰客厅、餐厅，摆放在桌子、茶几、角柜上，作为家居的点缀。另外，洋甘菊有安定情绪的功效，所以也适合摆放在卧室中起到助眠作用。

养护难度指数：★★★★

# 虾夷葱

观赏期：日常观叶，5～7月观花

虾夷葱又名细香葱。它和洋甘菊一样，算得上香草家族中的大美女了。这种百合科的多年生草本植物，它的叶呈尖细长中空圆柱状，看起来和我们日常做菜用的香葱似乎没多大区别。只是到了初夏时分，它就会开出许多香味浓郁的粉红、浅紫色的球形花朵，显得那么的夺人眼球，让爱草的你一见而不能释怀哦。

虾夷葱的花和叶皆可入菜食用，风味独特，可增添食物风味，是一种高级的食物素材。它含有胡萝卜素、钙质，能温暖身体、调整身体状况。对于头痛、感冒、发烧、整肠等均有疗效。它的具体用法为切细生用，作为色拉或西式蛋饼的调味，或是撒在焗薯上作为点缀。

传说古代中国人早在公元前3000年就开始使用虾夷葱，而14世纪的意大利人马可波罗则是将虾夷葱从中国携带至欧洲的使者。在古罗马，人们相信虾夷葱可以缓解晒伤的痛或喉咙痛，食用虾夷葱可以提高血压，并将其作为利尿剂来使用。也有传说是罗马人携带虾夷葱至欧洲，而使其在欧洲繁殖遍野的。好像中国人在端午节时悬挂菖蒲或艾草那样，一些欧美人相信在家的周围悬挂一束干燥的虾夷葱可以避免疾病及邪灵。另外，罗马尼亚的吉普赛人则有用虾夷葱来算命的风俗。

## 栽培管理

**环境和光照：** 喜欢日照充足或半日照的环境。

**栽培介质：** 以排水良好、富含有机质、pH为6.0～7.0的土壤为佳。

**繁殖方法：** 虾夷葱的繁殖可以用播种或分株法，可在春、秋季进行。播种后约1周即可发芽，但刚长出来的小苗，很像禾本科的杂草，千万不要把它拔掉，等苗长出3～4片叶时就可以定植。小苗栽种1年后，会分生出许多子株，此时就可利用分株繁殖。把成丛生长的虾夷葱挖起，将数量众多的鳞茎拨开为几丛后，再分开种植，一般建议每二、三年进行1次。如果栽种时间达到3年以上，就一定要分株，以避免植株长得太密而株势耗弱。

**水分：** 因叶片数量多，水分蒸发较快，要适时补充水分，如果缺水叶子易变黄。日常浇水视盆土干燥情况2～3天浇1次。

**肥料：** 每半个月施用1次有机肥即可生长良好。

**其他：** 冬季在全日照环境中长势较好；夏季气温高，植株容易虚弱，应适当遮阴，或放置在半日照处。栽培场所注意通风良好。

**发芽适温：** 20～25℃

**生长适温：** 15～25℃

**装饰建议**

通常可搭配红陶盆、石质盆或其他素色瓷盆，用于装饰客厅、餐厅，摆放在桌子、茶几、角柜上，作为家居的点缀。

# 欧芹

养护难度指数：★★★★

观赏期：全年观叶，1月中旬至3月观花

花语：胜利

欧芹相信大家都不陌生，它是许多料理菜肴中饰边的好手，深绿而富有光泽的叶片成簇，点缀在色、香、味俱全的菜品之上，是不是常常令你胃口大开呢？

除了能够大快朵颐而外，它那绿油油且有羽状开裂的叶片养眼而又舒心，所以通常也成为家居绿饰的绝佳选择。此外它还有卷叶的品种，油绿的叶面曲皱，叶缘呈弯卷形，观赏价值当然也很高。

欧芹又有别名法香（即法国香菜）、洋芫荽等。另外它在荷兰种植相当广泛，所以又有荷兰香芹之称。欧芹产于地中海地区多岩石的海边，所以它的名字是从希腊语演变来的，意为石头，很早以前即被记载于希腊植物志上。公元前3世纪在罗马人的厨房里，也可以找到欧芹的踪影。古埃及人跟古希腊人一样，都认为欧芹代表胜利，因此打胜仗的士兵都可以得到欧芹编织成的花冠。除此之外，埃及人认为欧芹能治疗泌尿疾病，因而非常重视这种植物。欧芹的茎、叶富含维生素C及矿物质，特别是铁含量丰富。它的种子、叶、根可入药，具有利尿功能，叶的浸出液可用于保养肌肤及头发。但要注意的是，它同样不适合于孕妇和痛经患者。

欧芹味道清新温和，有浓郁的香草味，可以带出其他基本香料和调料的味道，是调味家族的重要成员，由于它的特殊香味，可以掩饰其他食材中过强的异味而使之变得清香。其新鲜的叶子常用来做西餐沙拉配菜、水果以及果菜沙拉的装饰，有时也可以生食。如果将其切碎脱水处理的话用途更加广泛，香味也会更加浓郁。欧芹给菜式增色、增味，适合多种食材，如意大利面、沙拉、汤、奶油、鱼、肉、土豆和烤鸡等。

**生辰花：**

10月8日。您性格开放，喜欢热闹，表面看来开朗、外向，其实内心害怕孤独，缺乏安全感。您懂得借助他人的力量提升自己的地位，是个进攻型的人。不要过于投机取巧，免得被人误会您没有真才实学，只会左右逢源。花签言：人有时也会走快捷方式，希望快人一步。

## 栽培管理

**环境和光照：** 喜欢日照充足、湿润的环境条件，耐寒力较强，超过25℃时则影响生长。

**栽培介质：** 对土壤要求不严，适合在排水佳、有机质含量丰富的土壤中生长。

**繁殖方法：** 一般秋季进行直播，轻覆土约0.5厘米，播种后10天出苗，1个月后即可定植。定植后宜保持土壤湿润，保证水分充足，经常干旱或温度过高叶片易出现焦边。

**水分：** 日常浇水视盆土干燥情况3～4天浇1次。

**肥料：** 每半个月施用一次有机肥或复合肥即可生长良好，忌浓肥。

**其他：** 对于高温和干燥较为敏感，夏季高温时叶子会变黄，这一点必须要特别注意。另外，光照过强时，可适当遮阴，以防叶片老化。

**发芽适温：** 20～25℃

**生长适温：** 18～20℃

**装饰建议**

适合用于装饰客厅、餐厅，通常可搭配红陶盆、石质盆或其他素色瓷盆，摆放在桌子、茶几、角柜上，作为家居的点缀。

# 莳萝

**观赏期：日常观叶，3月下旬至4月上旬观花**

莳萝古称“洋茴香”，现在则有个别名叫做“土茴香”。无论是土是洋，总归说明它和茴香的近亲关系。的确，莳萝的外表看起来与茴香十分的相像，它的叶片鲜绿色，呈羽毛状，开黄色伞形小花，结出的小型果实也和小茴香几乎一模一样，甚至完全可以把它当作小茴香的替代品来用。

在5000年前的古埃及，人们就开始认识和应用莳萝这种植物了。埃及人将它和芫荽及泻根混合，以治疗头痛。希腊人和罗马人也很爱用莳萝，管它叫Anethon，这个名字也正是莳萝植物学上属名的由来。有些人相信它就是圣经里所说的“洋茴香”Anise（马太福音23章24节），因为在巴勒斯坦，人们大量地栽种莳萝。古代的医者则相信它有益于止嗝。莳萝在中世纪时，已经是一种非常普遍的植物，当时的人们相信它是可以对抗巫术的符咒，而且也喜欢把它加在春药当中。公元812年，法兰克王国的君主查理曼大帝，也曾下旨全国广泛栽培此种植物。

莳萝的英语俗名Dill是由盎格鲁·撒克逊语的Dylle或Dylla演变而来的，到了中世纪时才变成Dill，这个字意指风平浪静、哄婴儿入睡等，可能是指莳萝祛肠胃胀气的主要用途，而它也用来温敷以帮助安眠，而冰岛文中也有个老字Dilla，意为安抚孩童。

从远古年代一路走来的莳萝，走进了现代人的时尚生活，依然生生不息，依然功用多多。它日常可用来烹调鱼类、烘焙面包、做汤、调味酱和腌渍小黄瓜。入作药用则有抗痉挛、祛肠胃胀气、利消化、消毒、促进泌乳、助产、镇静、利胃、促发汗、帮助睡眠、预防动脉硬化的功能。

## 栽培管理

**环境和光照：** 喜欢日照充足、湿润的环境条件。

**栽培介质：** 对土壤要求不严，适合在排水佳、有机质含量丰富的土壤中生长。

**繁殖方法：** 家庭栽培一般以播种繁殖为主，可于春、秋季进行。为提高发芽率，播种前可用冷水或40～50℃温水浸种4～5天，每天换水1次，捞出沥干水分后播种。莳萝幼苗出土力弱，覆土不宜太厚，以不超过1厘米为宜。约1～2周即可出苗，苗期要求光照充足，土壤湿润。

**水分：** 日常浇水视盆土干燥情况3～4天浇1次。

**肥料：** 每半个月施用1次有机肥即可生长良好，忌浓肥。

**发芽适温：** 15～20℃

**生长适温：** 10～25℃

### 装饰建议

适合用于装饰客厅、餐厅，通常可搭配红陶盆、石质盆或其他素色瓷盆，摆放在桌子、茶几、角柜上，作为家居的点缀。

# 牛至

**观赏期：常年观叶，7～11月观花**

牛至又叫做比萨草，因为它是做比萨饼不可缺少的调味品之一，比萨如果没有牛至就失去了根本的味道。这种原产于欧洲，在地中海沿岸地区一直到印度一带都非常常见的野生植物，有着浓郁的辛香，尝起来有点苦味和胡椒般的辛辣味。一般西餐中都把它晾干磨成粉末当做调料使用，它会让你做的菜肴味道更丰富、更有层次感。

牛至为唇形科的多年生草本植物，它的植株低矮丛生，亮绿的叶片钝圆形，看起来一副非常憨实可爱的样子。而且它长势旺盛，栽培管理较粗放，家里若能种上一小盆，日常下厨时摘取它的鲜叶做沙拉、做汤、做饭，能增加饭菜的香味，促进食欲；取鲜叶或干粉烤制香肠、家禽及牛、羊肉，风味尤佳，岂非妙事一桩？

牛至全草可提取芳香油，也可以用作香蕾入药。早在我国东汉时期，人们已把牛至作为一种中草药使用，可用于治疗因暑湿所引起的发热、头痛、身体困倦、呕吐、腹泻、腹痛等症状，也用于治疗急性胃肠炎、沙门氏菌感染等疾病。它的花可用于治疗感冒、头痛、肠胃痛、神经性疾病，缓解疲劳；叶部浸出液多用于洗发膏、沐浴液。居家生活中，还有一些较实用的小验方，比方说取牛至3～9克，水煎服或泡茶饮，可治感冒；而用鲜牛至250克煎水沐浴，治疗皮肤湿热瘙痒最快速有效。可食可药又不太操心，所以说，它是带给我们实惠多多的懒人植物，很值得吐血推荐哦。

## 栽培管理

**环境和光照：** 喜欢温暖及日照充足的环境，较耐寒。

**栽培介质：** 以肥沃干燥、排水良好的沙质土壤为宜。

**繁殖方法：** 可用分株或播种繁殖，家庭栽培一般以分株繁殖为主，播种繁殖可于春、秋季进行。由于牛至的种子极细小，播种用土或基质颗粒不宜过大。播种前浇透水，播后覆约0.2厘米的细土，或不覆土而略加镇压后保湿、保温，大约7～15天可萌芽出土。待幼苗长高至8～10厘米时，即可移栽入盆中定植。分株繁殖一般在早春或晚秋进行，将老株连土团脱出盆，选择较粗壮并带2～3个芽的根剪开，另行种植。

**水分：** 干旱时注意适时补充水分，日常浇水视盆土干燥情况3～4天浇1次。

**肥料：** 每半个月施用1次有机肥即可生长良好。若要留种，可在开花前追施1次磷、钾肥，花后要及时浇水，以保证种子生长饱满，质量佳。

**发芽适温：** 15～20℃

**生长适温：** 10～25℃

### 装饰建议

适合用于装饰客厅、餐厅，通常可搭配红陶盆、石质盆或其他素色瓷盆，摆放在桌子、茶几、角柜上，作为家居的点缀。

养护难度指数：★★★

# 香蜂草

观赏期：常年观叶，6～8月观花
花语：同情、关怀

香蜂草又名香脂草、柠檬薄荷、柠檬香蜂草，它的外形看上去和薄荷有些相似，实际上却同科不同属。香蜂草叶片呈心脏形，边缘有钝锯齿，叶面脉纹明显，散发出一股柠檬般的香味，开白色、淡黄色或浅蓝色的小花朵，也算得上颇有一两分姿色的香草了。因为它有柠檬的香甜味道，将叶捣碎时常会吸引蜜蜂围绕，而且它的属名*Melissa*在希腊文中也为蜜蜂之意，故被命名为“香蜂草”，此外它还有一个别名叫做“蜜蜂花”。

古希腊罗马人认为香蜂草是月神与猎神阿尔忒弥斯的化身，为古希腊祭祀用的重要香草植物。欧洲人相信香蜂草可以提升能量，赶走悲伤。民间传说在门口种植香蜂草可以避邪；用它所画出的图，还可以吸引蜜蜂；在古老的欧洲教堂或寺庙周围，常栽种香蜂草以吸引蜂群采蜜制作蜂蜜，作为祭祀用品。而11世纪的阿拉伯药草师则认为它具有可以令人的头脑和心灵变得快活的魔力。

开花前采收新鲜的香蜂草叶子用于烹调，可为色拉和水果添加柠檬味。叶片干燥后可作为芳香药草茶，亦有不错的养生功效，能消除肠胃胀气、帮助消化，能治疗失眠、抗忧郁、减压镇静，还可治疗慢性支气管黏膜炎、气喘、感冒发烧和头痛，病后多喝可增强体力，帮助早日康复。飘着淡淡柠檬香的香蜂草总是带给人类快乐和青春活力。据说英国威尔斯的一位王爵鲁尔林，活到108岁，他的养生秘诀就是每天早晨喝杯香蜂草茶。另外，香蜂草中还含有1%的凤仙花油，而这种油对烧伤有特别的功效，对于治疗刀伤也很有效果，所以也可拿来治疗这些外伤。

## 栽培管理

**环境和光照：** 喜欢温暖及日照充足的环境，全日照或半日照皆可。

**栽培介质：** 可选用泥炭、腐叶土及少量粗沙混合配制。

**繁殖方法：** 可用扦插或播种繁殖。种子具有好光性，播后不需覆土。扦插可剪取5厘米健壮的带顶芽的枝条为插穗，插后2～3周即可生根，插后要注意喷水保湿。另外香蜂草应结合采摘进行适当摘心，以促使其多分枝。

**水分：** 日常浇水视盆土干燥情况3～4天浇1次。

**肥料：** 每月施用1次有机肥即可生长良好。

**其他：** 冬季较寒冷地区，香蜂草地面部分枯萎，地下宿根过冬，第二年春暖时重新萌发。南方一年四季常绿，生长旺盛。在栽培过程中，如果有花序出现，应立即摘除，因为开花结子会导致香蜂草停止生长。

**发芽适温：** 15～25℃

**生长适温：** 15～25℃

通常可搭配红陶盆、石质盆或其他素色瓷盆，用于装饰客厅、餐厅，摆放在桌子、茶几、角柜上，作为家居的点缀。另外，香蜂草有减压、镇静的功效，所以也适合摆放在卧室中起到助眠作用。

养护难度指数：★★★★

# 马郁兰

**观赏期：常年观叶，4~6月观花**
**花语：沟通**

马郁兰有很多别名，诸如马荷兰、马沃兰、马娇兰、马娇莲、甘牛至、牛藤草、茉乔挛那、叶沃刺那、香花薄荷等等。这种唇形花科的多年生草本植物，全株散发着一种温和、甘甜、沉稳的香味，非常类似百里香。其中甜马郁兰是最广泛栽培使用的品种，原生于地中海沿岸及土耳其。还有法兰西马郁兰，为匍匐丛生的多年生耐寒品种，原生于西西里岛。

在希腊神话里，马郁兰是主掌爱与美之女神阿佛洛狄忒（Aphrodite）所珍爱的香药草；而罗马神话中它是专门贡祀爱神维纳斯的花。马郁兰代表荣誉、爱情与繁殖，尤以象征幸福而闻名，因此在古希腊人与古罗马人的传统婚礼中，有将马郁兰编织成新人佩戴的花冠，以祝福新人婚姻幸福与长久的风俗。古时人们认为它具有神圣的意义，可使死者灵魂得到解脱，对于遭受厄运缠身也有逃避的功能。

马郁兰茶的味道甜美，有松弛神经的作用，能缓和头痛、失眠的毛病，尤其是在饭后饮用，可让人在夜晚熟睡。不仅如此，还能排除体内的毒素、帮助消化，而在没有食欲时饮用，也可激起食欲。但有心脏病的人要注意用量。马郁兰也是一种多用途的食用药草植物，常被欧洲人拿来烹调食物，用于沙拉，制作酱汁、肉类烹调等，并且还成为他们制作香水的主要原料。

## 栽培管理

**环境和光照：** 喜欢日照充足、通风良好的环境。

**栽培介质：** 排水良好的沙质壤土或土质深厚壤土为佳。

**繁殖方法：** 家庭栽培一般以播种繁殖为主。播种于春季进行，种子均匀撒播于育苗盆，无需覆土，采用浸盆法吸足水后置于阴凉处，盆上可覆一层保鲜膜以保持盆土湿润，7～10天出芽。发芽后移至日照充足处，株高15厘米时上盆定植。注意适时修剪，有利生长。

**水分：** 需充分浇水，植株生长较肥大茂盛。日常浇水视盆土干燥情况2～3天浇1次。

**肥料：** 每月施用1次有机肥即可生长良好。

**发芽适温：** 15～25℃

**生长适温：** 10～25℃

**装饰建议**

通常可搭配红陶盆、石质盆或其他素色瓷盆，用于装饰客厅、餐厅，摆放在桌子、茶几、角柜上，作为家居的点缀。另外，马郁兰有安定情绪、治疗失眠的功效，所以也适合摆放在卧室中起到助眠作用。

养护难度指数：★★★

# 柠檬香茅

观赏期：常年观叶

花语：开不了口的爱

柠檬香茅为禾本科多年生草本植物，虽然看起来和普通的茅草几乎没多大区别，但是它却从头到脚地散发出一股子柠檬的香味，这就让它得以从杂草丛中脱颖而出，成为拥有众多粉丝的香草。

柠檬香茅除了是泰式料理中常用的香料外，也是中国少数民族普遍使用的香料，例如云南特有的民族傣族，酷爱自由、和平的傣族有着和柠檬香茅相关的习俗。据说每当傣历新年或其他节日到来的时候，傣族的少女便把鸡杀了，把鸡头、翅膀、大腿、爪等分块砍下，用肠子把鸡爪裹住，配上葱、姜、柠檬香茅等香料，放在锅内炒香，焖熟，然后撒上葱花，做成赶摆黄焖鸡，带到集市上出售。若是前来买鸡的年轻小伙子她不中意，要价就特别高，如果喜欢，要价就很低，还会挪张小凳子，让他坐在自己身边吃鸡肉，甚至是两人一起到僻静的地方去，一边品尝可口的鸡肉，一边倾诉衷情。

柠檬香茅泡茶饮用具有强力的杀菌剂效果，能预防各种传染病，可治胃痛、腹泻、头痛、发烧、流行性感冒。而从它的茎、叶蒸馏萃取的精油，可以利用于食品或制造化妆品、香水和肥皂香料。

## 栽培管理

**环境和光照：** 柠檬香茅适应性极强，只要气候温暖和阳光充足，就能生长旺盛。性喜日照充足及高温多湿的环境。

**栽培介质：** 对土壤选择不苛求，但以较为疏松、肥沃而排水良好的沙质壤土为佳。

**繁殖方法：** 用分株或扦插法繁殖。分株通常在春季至夏季较为适合，成株丛生，可分切另植即成新株。

**水分：** 日常浇水视盆土干燥情况3～4天浇1次。

**肥料：** 每月施用1次有机肥即可生长良好。

**其他：** 耐寒力弱，有时温度在10～15℃就会萎缩或死亡。

**生长适温：** 18～30℃

**装饰建议**

适合用于装饰客厅、餐厅，通常可搭配红陶盆、石质盆或其他素色瓷盆，摆放在桌子、茶几、角柜上，作为家居的点缀。

# 神香草

**观赏期：常年观叶，6～9月观花**
**花语：净化、洁净**

神香草是唇形科多年生半灌木，原产地中海地区及中亚的干旱沙地。它的枝条直立，叶片狭长呈披针形，夏季时分长出细长如麦穗状花序，上面开满密集成簇的唇形小花，花色有紫色、白色、玫红等多个品种。而且由于花朵蜜汁丰富，极容易招蜂引蝶。蜂儿、蝶儿围绕着花儿打转转，很抢眼、耐看，所以说神香草也有着金牌级的园艺观赏价值。

神香草的原植物分布很广，从欧洲南部的地中海沿岸到小亚细亚以至中亚，经过阿尔泰山脉再到西伯利亚都有分布，甚至在克什米尔海拔2 400～3 300米的地带都可见到。在欧洲从古时起就有栽培，作为香味蔬菜受人欢迎；在印度作为药用植物被人熟知，在热带各地海拔高的地方作为香料植物种植。而同样喜爱神香草的日本人把它取名为柳薄荷，是因为它的叶片形状像柳叶一样。

神香草的味道和薄荷非常相似，花可拌入沙拉，叶可少量加入食物中增加风味，有增进食欲、帮助消化、去痰杀菌的功用。叶能促进油脂消化，可增加辣味口感，并具抗毒、杀菌的效果，浸出液有镇定的功能，可治感冒、支气管炎。亦可泡澡或用于蒸脸护肤。但同样需要注意的是，怀孕的准妈咪禁用此草。

## 栽培管理

**环境和光照：** 喜欢温暖的气候条件，日照充足的环境。

**栽培介质：** 对土壤要求不严格，以排水良好的微酸性沙壤土为好。

**繁殖方法：** 以播种繁殖为主，在春季4月份进行，发芽天数约需2周，发芽后，注意间苗保持株距，株高10～15厘米时定植。

**水分：** 日常浇水视盆土干燥情况3～4天浇1次。

**肥料：** 每半月施用1次有机肥即可生长良好。

**其他：** 冬季地上部分枯死，地下部分第二年春天萌发。

**发芽适温：** 18～25℃

**生长适温：** 15～28℃

**装饰建议**

适合用于装饰客厅、餐厅，通常可搭配红陶盆、石质盆或其他素色瓷盆，摆放在桌子、茶几、角柜上，作为家居的点缀。

养护难度指数：★★★

# 芫荽

观赏期：常年观叶，4～10月观花

一碗牛肉面，开启了许多人对芫荽的喜爱；一碗羊肉汤，则让芫荽的香气无限延伸到人的味觉里。这个位居配角地位的中国香料，增味的功夫第一流，没有它不会失色，有了它却铁定生色。

芫荽又名香菜。据唐代《博物志》记载，公元前119年西汉张骞从西域引进香菜，故初名胡荽。后来在南北朝后赵时，赵皇帝石勒认为自己是胡人，胡荽听起来不顺耳，下令改名为原荽，后来才演变为芫荽。而关于这个芫荽也就是香菜的来历，中国民间有个非常有趣的传说。商朝时期纣王昏庸，朝政荒芜崇信妖妃残害忠良。周文王顺天意主正义，集诸侯讨伐商纣。赵公明逆天意助商纣，命丧疆场。赵公明的三个妹子云霄、琼霄、碧霄为兄报仇，与姜子牙对阵。两军激战混乱中，杨戬放出了哮天犬，把碧霄的裤裆一口扯烂了。碧霄害怕露出羞处，臊得两手捂住羞处蹲了下去。云霄、琼霄一下子赶了过来，捡起一块条石，照准哮天犬的后脑勺打去，一下子把哮天犬打得脑浆四喷。碧霄裤裆被扯烂失了贞体，恨死了哮天犬，把死犬拿来扒了皮吃了狗肉。虽然解了恨，却嫌狗皮和狗爪扔在那里恶心，便就地挖了个小坑埋上。谁知哮天犬也是得道仙犬，它的毛于是长成一种香草，后人称为香菜。

中医称芫荽“性味辛温，有发汗透疹，消食下气的功能，主治麻疹，食物积滞”，不论是小朋友起麻疹，或是大人因为吃海鲜而引发的荨麻疹，都可以将芫荽与水混合熬煮，让起疹的人将汤汁饮下，帮助消退疹子。芫荽也是很好的感冒良药，只有在姜汤内加入少许的芫荽一起煮，有助于预防并治疗轻微的感冒症状。但是使用芫荽的时候千万不可过量，当人体摄取了过量的芫荽，将会产生眼睛疲劳以及精神不佳的症状。所以请特别小心使用，务必点到为止。

## 栽培管理

**环境和光照：** 要求较冷凉湿润的环境条件，在高温干旱条件下生长不良。

**栽培介质：** 适宜在肥沃、疏松的石灰性沙质壤土上栽培。

**繁殖方法：** 从8月下旬开始至翌年春季4月上旬都可以随时播种，播种前用温水浸种1天后播，1～2周即出芽。

**水分：** 香菜喜湿润，日常浇水视盆土干燥情况2～3天浇1次。

**肥料：** 每半月施用1次有机肥即可生长良好。

**其他：** 温度超过20℃生长缓慢，30℃以上停止生长。因此，温度过高时应适当遮阴。

**发芽适温：** 15～20℃

**生长适温：** 17～20℃

### 装饰建议

适合用于装饰客厅、餐厅，通常可搭配红陶盆、石质盆或其他素色瓷盆，摆放在桌子、茶几、角柜上，作为家居的点缀。

养护难度指数：★★★

# 猫薄荷

**观赏期：常年观叶，6～8月观花**

如果你是宠物猫咪的爱好者，那么不妨来认识一下猫薄荷这种香草罢。猫薄荷闻上去有股子薄荷般清凉的气味，把它晒干再碾成碎末，放在猫玩具内，你就会看到猫咪疯狂！所以猫友们把猫薄荷戏称为“猫毒品”。

事实上，猫薄荷是一种会引起幻觉的植物，而猫对该植物的反应特别强烈。当猫闻吸了猫薄荷之后，会兴奋不已，上蹿下跳，产生许多古怪的行为，猫薄荷因此得名。国内宠物店有卖填充了猫薄荷的小麻布包和附送猫薄荷粉的猫抓板，猫咪会忘情于这些玩具。在国外，宠物店除了有卖填充了猫薄荷的老鼠玩具、碾成碎末的猫薄荷草，还有罐装的猫薄荷草籽和土，可以买回家自己种，这样猫咪就可以吃到新鲜的猫薄荷。

猫对猫薄荷的依恋在迈克尔·波伦的 The Botany of Desire（中文版译为《植物的欲望》）也有描写：“这时，我就想到了弗兰克——我的一只任性、暴躁的雄猫，我相信它的意识里有使用药用植物来产生幻觉的习惯。每个夏天的傍晚，在5时左右，弗兰克就会迈着沉重的步伐走进植物园，快乐地品尝上1个小时的猫薄荷。它首先是用力的吸嗅，然后是用它的牙齿来拨弄这些叶子，接着就突发性地打起滚来——那在我看来是一种性狂欢。它的瞳孔会收缩为针刺般的小孔，多少有些紧张地凝视着数英里之外，随时准备对着那看不见的敌人或者——谁知道呢？或许是情人——一跃而起。弗兰克会在泥土中翻来滚去，然后站起来，来一个滑稽的横跨，然后再跳起来，直到精疲力竭为止。……”

猫薄荷属唇形科，它的茎干和叶面上都有一层白色绒毛，夏季开出淡淡的蓝紫色小花，同样也是毛茸茸的，看上去模样相当不赖。但是记得不要频繁地给猫咪使用，如果使用次数过于频繁，猫咪对这种气味就不敏感了，只会舔食，不再打滚。另外，每次给猫咪的猫薄荷不要太多，相当于拇指指甲盖大小的一撮就可以了，因为猫咪一次过多“吸食”猫薄荷会导致呼吸困难。

## 栽培管理

**环境和光照：** 喜欢冷凉、日照充足、通风良好的环境，全日照或半日照皆可。

**栽培介质：** 排水良好的沙质壤土或土质深厚的壤土为佳。

**繁殖方法：** 家庭栽培一般以播种繁殖为主。播后面上覆一层细土，采用浸盆法吸足水后置于阴凉处，盆上可覆一层保鲜膜以保持盆土湿润，7～14天可出芽。发芽后移至日照充足处，株高15厘米时上盆定植。可随植株渐长后，加以疏苗修剪，生长会较为茂盛。

**水分：** 日常浇水视盆土干燥情况3～4天浇1次。

**肥料：** 每月施用1次有机肥即可生长良好。

**发芽适温：** 15～20℃

**生长适温：** 10～25℃

### 装饰建议

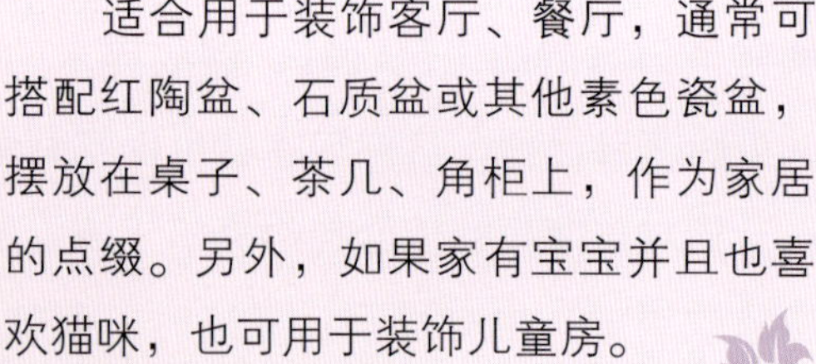

适合用于装饰客厅、餐厅，通常可搭配红陶盆、石质盆或其他素色瓷盆，摆放在桌子、茶几、角柜上，作为家居的点缀。另外，如果家有宝宝并且也喜欢猫咪，也可用于装饰儿童房。

### 栽培管理

**环境和光照：** 性喜光照、温暖，不耐寒。应置于阳光充足的环境，不宜过阴。

**栽培介质：** 盆栽可选用腐叶土或山泥，也可用泥炭土加适量有机肥、河沙及珍珠岩混合配成营养土。

**繁殖方法：** 可用扦插或播种繁殖，家庭栽培一般以扦插繁殖为主。春、秋两季都可进行，但以春季为最佳时节，生根后即可上盆栽植。

**水分：** 生长旺盛季节宜保持土壤湿润，忌过于干燥。日常浇水视盆土干燥情况3～4天浇1次。

**肥料：** 每月施用1次有机肥即可确保生长良好。

**生长适温：** 18～30℃

### 装饰建议

适合用于装饰客厅、餐厅，通常可搭配红陶盆、石质盆或其他素色瓷盆，摆放在桌子、茶几、角柜上，作为家居的点缀。

# 藿香

养护难度指数：★★★

**观赏期：常年观叶，6～8月观花**

藿香为唇形科多年生草本植物。它全株都带有香气，夏季开出淡紫色小花，花序形如麦穗，芳香袭人，吸引大量蜜蜂和蝴蝶缠绕飞舞，用作花境、道旁、居家等绿化装饰，具有极好的景观效果。

大多数人知道藿香，是因为“藿香正气水”的名气太大了。的确，它是一味解暑药。传统中医理论认为，藿香具有化湿、解暑、止呕的功能。主治内伤生冷、外感风寒、胸闷腹胀、脾胃气滞、食欲不振、口臭等。外用治手、足癣。现代医学研究表明，藿香挥发油能促进胃液分泌，增强消化力，对胃肠有解痉作用。

关于藿香的来历，中国民间流传着这样的传说：很久以前，深山里住着一户人家，哥哥从军在外，家里只有姑嫂二人，平日里相互体贴，日子过得和和美美。一年夏天，天气连日闷热潮湿，嫂子因劳累中暑突然病倒，小姑霍香想起后山上有种能治中暑的香味药草，便不顾嫂嫂阻拦，执意进山去采。霍香一去就是一天，直到天大黑时才跌跌撞撞回到家里。只见她手里提着一小筐药草，两眼发直精神萎靡，一进门便扑倒在地，瘫软一团。原来她在采药时，不慎被毒蛇咬伤了右脚，中了蛇毒，等到嫂子手忙脚乱地将郎中找来，却为时已晚。嫂子用小姑采来的药草治好了病，并在乡亲们的帮助下埋葬了霍香。为牢记小姑之情，嫂子便把这种有香味能治中暑的药草亲切地称为“藿香”。

在中国的乡村，藿香被称作农家人的好女儿花。传说谁家院子里的藿香旺，谁家的女儿就会有志气，不养女儿的人家是养不旺藿香的。除入药以外，藿香嫩茎叶也可鲜吃，凉拌、炒食、炸食俱佳，也可做粥。还有的农家人把它和其他青菜掺起来做菜馍吃，做粉浆、咸豆腐脑时也拿它做调味品。而且大凡长有藿香的地方，蚊、蝇、蛇都不喜光顾，因此夏夜在种有藿香的园子里乘凉，既不用怕蚊子，更不用担心蛇。看来，小小一株藿香实在是好处多多啊。

### 栽培管理

**环境和光照：** 性喜温暖湿润的气候和阳光充足、雨量充沛的环境。

**栽培介质：** 对土壤要求不严，但人工栽培以土质疏松、肥沃、排水良好的沙质壤土为好，凡土壤黏重板结、排水不良以及蔽荫之处不宜种植。

**繁殖方法：** 家庭栽培一般以播种繁殖为主。播种后盖上一层细土，厚度约为0.2厘米，采用浸盆法吸足水后置于阴凉处，盆上可覆一层保鲜膜以保持盆土湿润，约10天即可出苗。发芽后需适当光照，待苗高10厘米左右时可移栽。为使其矮化，可以进行摘心，以促侧枝生长。

**水分：** 日常浇水视盆土干燥情况2～3天浇1次。

**肥料：** 每月施用1次有机肥即可确保生长良好。

**发芽适温：** 15～25℃

**生长适温：** 20～30℃

**装饰建议**

适合用于装饰客厅、餐厅，通常可搭配红陶盆、石质盆或其他素色瓷盆，摆放在桌子、茶几、角柜上，作为家居的点缀。

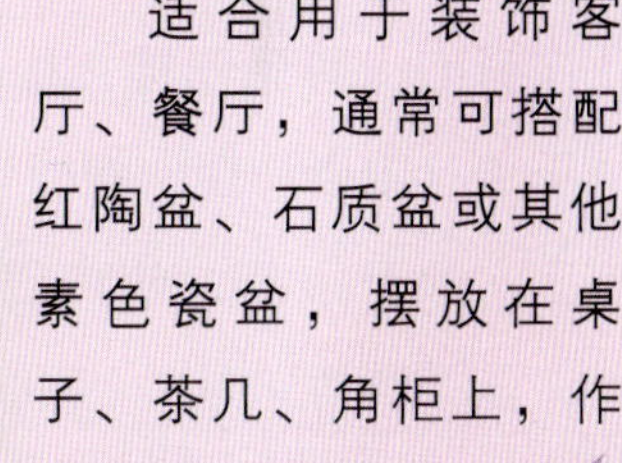

# 胡卢巴

养护难度指数：★★★

**观赏期：常年观叶，4～6月观花**

胡卢巴是一种“很中国”的香草，主产于我国的安徽、四川、河南各省。这种豆科的一年生草本植物，有着长卵形的绿色叶片，春、夏季开白色的蝶形小花，结出的种子色棕如豆，全株都带有香气，因而有着香豆子、芸香草之类的别名，此外还有个民间常用的俗称，索性就管它叫着“香草”。

胡卢巴在中国的北方栽培应用广泛，它最重要的用途是全草可入药。其性大温，入肝肾经，温肾阳，润肺滋阴，祛温寒，有补肾祛风、助阳止痛的作用，有爽人身心、静脑安神、松弛神经、解除疲劳、通络止痛、补肾滋阴壮阳的效力，常用于治疗阳痿滑精、腰酸背痛、少妇痛经、疝气偏坠、寒湿脚气等疾患。

除开入药，胡卢巴还有许多其他的功用，它具有防腐、杀菌、消毒、驱虫、灭虱等特殊效能，因此民间常用它来香熏房间、衣物，或做枕芯、荷包及加工成工艺品。用其全草所提炼的挥发油可用于日化产品、烟草、卫生制品加香，或者作为商品香料的原料、工业用香精。此外，胡卢巴的嫩茎、叶可以当菜吃，阴干茎叶为上等天然食用香料，可以做烹饪的调料，加工后可做糕点、蒸糕、烙饼、糖果、饮料、酒类的加香剂。连它的种子，也就是香豆子，也同样别具特色，因为呈黄褐色有咖啡色泽，又具有好闻的香气，所以成为咖啡的代用品，而用种子生产出来的植物胶则广泛用于钻井和地质钻探。

## 栽培管理

**环境和光照：** 性喜温暖稍干燥、凉爽的气候环境。

**栽培介质：** 应选择肥沃、排水良好的土壤。

**繁殖方法：** 家庭栽培一般以播种繁殖为主。秋播，9～10月播种，每穴播种子5～6粒，覆土1.5厘米左右，7天左右即可出苗。

**水分：** 日常浇水视盆土干燥情况3～4天浇1次。

**肥料：** 每月施用1次有机肥即可确保生长良好。

**病虫害：** 病虫害有白粉病、锈病和蚜虫为害，可用50%多菌灵1 000倍、50%抗蚜威可湿性粉剂1500～2000倍液，每周喷施1次加以防治。

**发芽适温：** 15～25℃

**生长适温：** 10～25℃

**装饰建议**

适合用于装饰客厅、餐厅，通常可搭配红陶盆、石质盆或其他素色瓷盆，摆放在桌子、茶几、角柜上，作为家居的点缀。

## 香草小贴士：花饰你家

### 红陶最相宜

要想很好地衬托出香草的浪漫和西洋气质，选用当下很时尚的红陶花器来栽培香草是最优的选择。红陶的材质透气性和透水性都很好，而且红陶朴素而大方，有一种特殊的质感美，它的色彩历久弥新，随着时光的流逝则更具魅力，对于观叶价值较高以绿色为主调的香草来说，亦有着“百搭”的效果。

### 石盆很欧风

与红陶相类似，市面上同样很流行的那些石质花器也很适合于香草。这种石质花器表面的饰纹粗犷大气，给人一种颇具欧洲风格的感觉，与香草的西洋气质相当匹配。但它的缺点是透气性和透水性不如红陶。

### 白瓷最现代

如果用于室内装饰，则隆重推荐纯白色的小型瓷盆。你可以尝试着将几种香草自由拼搭成组合盆栽，比如凤梨薄荷、百里香加柠檬罗勒，香蜂草、紫罗勒加迷迭香，洋甘菊、胡椒薄荷加百里香，或虾夷葱、香蜂草加牛至等等。这些香草组合搭配不同形状的纯白色瓷盆，用来装饰现代感较强的房间，一定非常出彩。不过需注意的一点是：香草基本上都喜阳，因此不宜在房间里放置时间过长。

### 藤篮很田园

时下的家装界田园风正方兴未艾，所以还有一种值得推荐的方法是采用藤编篮来作为香草组合的花器。藤篮最突出的优点是自然的野趣意味十足，而且藤编篮的色彩通常为深棕、浅棕、米黄、米白等柔和的中性色，无论与香草还是家具都容易搭配。有了它的点缀，你家的田园气息又能大大加分哦！当然了，你也需注意处理好盆栽的排水问题，以免藤篮发霉。

### 时尚的餐桌花

把观赏性和食用性俱佳的香草组合盆栽摆放在餐桌上成为餐桌花，是一种时尚感很强的装饰。如果你家餐厅里的餐桌椅恰好又是原木材质的，那么搭配上述藤编篮为花器的香草组合，餐厅中将会有浓郁的田园气息。当然了，如果不是木质桌椅，弥补的方法还有很多，比如说棉、麻质地的桌布就是最佳选择。你可以为餐桌椅穿上这样棉麻质地的“外衣”，图案宜选用清爽的方格、条纹或者小碎花，如果还带有漂亮的蕾丝花边，那么装饰效果更没得说，你家餐厅里将吹进一股清新柔美的田园风。

类似的搭配也可以应用于家居里诸如客厅之类的其他位置，如能在组合盆栽旁边点缀一两个布艺、毛绒或铁艺的玩偶、情侣之类的时尚小摆件，都能大大增加家居的田园气息和时尚气息。

## 香草小贴士：香草度过夏天的秘诀

大多数的香草植物都不适合高温多湿的气候，不过只要顺利度过夏天，通常在秋天就可以大丰收。所以为了使香草植株不会因为炎热酷暑的天气而奄奄一息，在栽植时就必须更要费心管理。

● 对于盛夏时应避免阳光直射的香草，用遮光网制造阴影。

这类香草对酷暑敏感，所以要避免日光直射，最好在梅雨季节结束后，移至阳光不会直射到的明亮遮阴处。如果是栽种在庭院中，就必须要围着植株的四周架立支柱，上面覆盖遮光网以遮阳。

● 对于需要防止干燥的香草种类，例如细香葱、猫薄荷，用覆盖栽培法。

由于夏季阳光直射，会让土壤的温度上升，所以为了抑制土壤温度升高，可以采取不用遮阴也能够顺利度夏的方法。在植株根基部铺上碎木屑或用树皮堆肥、稻草束等物品覆盖地面，就可以抑制地温的上升，像这种覆盖地面的方法就叫做覆盖栽培法。覆盖地面后，可以有效防止地面水分的蒸发，避免植株干燥枯萎；所以如果是不耐干燥的香草种类，就必须覆盖植株根基部。特别一提的是，这种覆盖方法也具有防寒的效果哦！

● 需先了解种植的环境，选择比较能适应环境的香草是很关键的步骤。

首先要确认种植的环境，如自家的阳台或庭园，然后在选购香草时，尽量选择一些能够适应种植环境的香草；例如阳光直射强烈的地方，最好是选择耐炎热暑气的香草种类。

适合中国亚热带、热带地区气候的香草名单

● 抗热指数5星：甜罗勒或柠檬罗勒（罗勒是原产印度的热带蔬菜，所以不怕热！这两种罗勒食用口感最好）、柠檬香茅（泰国那里取叶子做火锅酸调料的）。

● **抗热指数5星：**紫苏、藿香、夏枯草（这些都是中国传统清凉解暑中草药，非常适应中国的气候，在中国内地很多地方都有野生！最近名声大噪的王老吉凉茶，里面就有夏枯草）。

● **抗热指数5星：**直立迷迭香、匍匐迷迭香（作为伟大的香草系灌木，木就是比草生命力强）。

● **抗热指数3星：**柠檬百里香、齿叶薰衣草、马约兰、牛至、神香草（这些是在经典的欧洲香草里，相对强健不怕热的。度夏要注意控制土壤水分、通风、不可直晒）。

● **抗热指数3星：**薄荷、柠檬香蜂草（这两种植物习性强健，但叶子肥大水分蒸腾快，夏天需要半阴环境）。

其他美丽著名的香草，当然也可以度夏，但那些是挑战种植水平和耐心、细心的。新手还是从抗热的品种开始，这样不容易有挫折感觉。

# 香草料理总动员

窗外的香草园，

生趣盎然。

香氛阵阵，

是否勾起了你味蕾的奢望？

把香草们请进厨房里，

同样能够上演一出精彩大戏，

令你食指大动，

尽情享受美味的香草料理。

# 紫苏美食

紫苏以嫩叶和果实为菜用部分，生食可腌渍，也可做汤。煮蟹时加用紫苏嫩叶或幼苗，可增加香气，紫苏煮鱼则鱼鲜菜美。紫苏籽油在我国古代已经有食用习惯，有称“荏油”，是进贡皇帝的名贵营养食用油。

## 凉拌紫苏叶

- **原料：** 紫苏嫩叶300克。精盐、味精、酱油、麻油各适量。
- **做法：** 1.将紫苏叶洗净，入沸水锅内煮透，捞出挤干水分。2.切段放于盘内，加入精盐、味精、酱油、麻油，拌匀即成。
- **特色：** 紫苏叶具有发表、散寒、理气的功效。此菜适用于感冒风寒、恶寒发热、咳嗽、气喘、胸腹胀满等病症。健康人食用能强身健体、泽肤润肤、明目而健美。气表虚弱者忌食。

## 紫苏粥

- **原料：** 粳米100克，紫苏叶15克，红糖适量。
- **做法：** 以粳米煮稀粥，粥成入紫苏叶稍煮，加入红糖搅匀即成。
- **特色：** 紫苏叶具有开宣肺气、发表散寒、行气宽中的功效，与健脾胃的粳米相配成粥。适用于感冒风寒、咳嗽、胸闷不舒等病症。紫苏粥是很好的健胃解暑食品。

## 紫苏饮

**原料：**紫苏鲜叶3～5片。白糖适量。

**做法：**将紫苏叶洗净沥水，放入杯内用开水冲泡，放入白糖成清凉饮料。

**特色：**此饮具有健胃解暑的功效。健康人在炎热天气饮用，可增强食欲、助消化、防暑降温，还可预防感冒、胸腹胀满等病症。

## 苏子粥

**原料：**紫苏子25克，粳米100克。红糖适量。

**做法：**1.将紫苏子研细以水提取汁。粳米淘洗干净。2.铝锅内加水适量，放入粳米煮成粥，加入苏子汁煮沸一会儿，加入红糖搅匀即成。

**特色：**苏子含有丰富的脂肪、蛋白质等营养成分，所含脂肪多为亚麻酸、亚油酸、油酸组成，对心血管病患者大有裨益。苏子具有下气、消痰、润肺、宽肠的功效。适用于治疗因肺气较虚，易受寒邪而引起的胸膈满闷、咳喘痰多、食少等症。

## 苏子汤团

**原料：**紫苏子300克，糯米粉1 000克。白糖、猪油适量。

**做法：**1.将紫苏子淘洗干净，沥干水，放入锅内炒熟，出锅晾凉研碎，放入猪油、白糖拌匀成馅。2.将糯米粉用沸水和匀，做成一个个粉团，包入馅即成生汤团。3.生汤团入沸水锅煮熟，出锅即成。

**特色：**此汤团由紫苏子与健脾胃的糯米组成，具有宽中开胃、理气利肺的功效。适用于咳喘痰多、胸膈满闷、食欲不佳、消化不良、便秘等病症。脾胃虚弱泄泻者忌食用。

# 百里香美食

在西方，百里香是一种家喻户晓的香草。人们常用它的茎叶进行烹调，与其他芳香料混合成填馅，塞于鸡、鸭、鸽腔内烘烤，香味醉人；烹调鱼及肉类放少许百里香能去腥增鲜；做饭时放少许百里香粉末，饮酒时在酒里加几滴百里香汁液，能使饭味、酒味清香馥郁；用作汤的调味料，可使汤味更加鲜美。百里香的天然防腐作用还使其成为肉酱、香肠、焖肉和泡菜的绿色无害的香料添加剂，罗马人制作的奶酪和酒也都用它做调味料。

## 核桃鸡汤

● **原料：** 鸡膀尖250克，鲜核桃250克。胡萝卜12根，葱头1个，丁香花蕾1个，细叶芹菜1棵，百里香粉5克，香叶1片，鲜奶油25克，蛋黄1个。精盐、胡椒粉各适量。

● **做法：** 1.鸡膀尖摘净细毛，放入煮锅内，加入清水600毫升，烧开，去沫，汤去净沫后，放入去皮的胡萝卜、葱头块、丁香花蕾、芹菜、百里香粉、香叶，加盐、胡椒粉烧40分钟。2.砸开核桃壳，去掉核桃仁上的薄膜，切成小块。盛蛋黄的碗里加入鲜奶油，调匀，加入核桃块和芹菜细末，搅拌均匀。3.鸡膀尖煮熟后，汤过筛后再倒入锅内，保温。4.捞出鸡膀尖，剔去骨头，肉和胡萝卜绞成泥，再放入锅内，煮开，倒入汤盆即可。

## 百里香火腿蔬菜浓汤

● **原料：** 西式火腿100克，蒜3瓣，洋葱1个，盐5克，中筋面粉50克，马铃薯1个，黑胡椒5克，百里香粉5克，香菇1朵，蟹肉50克，脱脂奶粉50克。黑芝麻适量，高汤适量，玉米、木瓜适量，橄榄油适量。

**做法：** 1.西式火腿切丁，蒜剁碎，洋葱切碎，香菇切片，马铃薯去皮切丁备用。2.锅内加橄榄油以中火烧热，加入蒜末、洋葱，炒5分钟至软，撒入面粉，炒1分钟，加入火腿、马铃薯丁、香菇、高汤、盐、黑胡椒和百里香粉，烧开改小火，盖锅盖煮20分钟至马铃薯软烂。3.拌入蟹肉、玉米、木瓜，改中火，煮3分钟，脱脂奶粉加入开水冲成奶水，加入锅内，以中火边煮边搅至烧开，离火。4.喝的时候撒上少许黑芝麻。

**特色：** 细腻柔嫩、风味独特，口感非常滑润。

## 百里香玉米松茸鸡汤

**原料：** 鸡腿肉丁200克，玉米粒200克，蘑菇切丁200克，洋葱丁80克，洋芋丁100克，新鲜百里香3克，奶油40克，鲜奶200毫升，鸡高汤800毫克，胡椒盐适量。

**做法：** 1.用奶油将鸡丁略炒，再加上玉米粒、蘑菇丁、洋芋丁炒香后移入炖锅内备用。2.将鸡高汤、牛奶煮沸调味后倒入炖锅内，再将新鲜百里香加入，以小火炖煮30～40分钟即可。

## 百里香柠檬玛芬蛋糕

**原料：** 柠檬1个，低筋面粉220克，牛油100克，砂糖120克，新鲜宽叶百里香10克，盐3克，奶油或牛奶50毫升，鸡蛋2个。

**做法：** 1.低筋面粉过筛后，混合盐搅拌均匀备用。柠檬去皮，把汁水和果肉混合百里香打碎，搅拌均匀备用。2.牛油室温放软2个小时，混合砂糖用打蛋器打均匀至羽毛状后，逐个加入鸡蛋搅拌均匀后，分2～3次倒入面粉，快速轻轻搅拌均匀备用。3.奶油或牛奶分2次倒入内，快速轻轻搅拌均匀后，分2次倒入柠檬百里香汁，快速轻轻搅拌均匀备用。4.把蛋糕糊倒入纸杯（约八分满），烤箱180℃预热10分钟，烘烤35～40分钟即可。5.烤好的玛芬蛋糕放凉后，回油1天再吃味道更好。

**特色：** 这款玛芬蛋糕充满浓郁的天然百里香和柠檬香气，绝无添加成分，适合作为提神茶点。

# 迷迭香美食

迷迭香四季常绿，清新素雅，有浓郁香气。烹饪时放入少许迷迭香，可去除鱼肉的腥味。鲜草可泡茶饮，还可用于沐浴。从迷迭香提取的天然抗氧化剂还广泛用于食用油、方便食品、水产品、肉制品、饮料、焙烤食品等，能有效抑制黄曲霉、大肠杆菌等25种细菌、霉菌，防止富油食品由于油脂氧化而导致口感下降、腐败变质，增加食品保存时间。

## 迷迭香饼干

**原料：**迷迭香1～2枝，奶油110克，鸡蛋1个，低筋面粉110克，发粉10克，细砂糖100克。

**做法：**1.将奶油软化，用打蛋器将奶油打发，细砂糖及蛋打散分两次加入混合制作面团。2.将前述作料，切碎迷迭香叶片及低筋面粉混合过筛。3.用汤匙舀面团置于烤盘上，再以模型扣出形状，放入烤箱烤15分钟即可。

## 迷迭香烤春鸡

**原料：**春鸡半只约250克，迷迭香3枝，百里香3枝，红酒60毫升，盐、黑胡椒粉各少许，高汤240毫升，葱末30克。

**做法：**1.将鸡洗净去头、尾，以百里香末、迷迭香末、红酒5毫升、盐、黑胡椒粉等材料拌匀抹鸡身，腌15分钟，入烤箱以200℃烘烤20分钟后焖熟。2.高汤加红酒、迷迭香末、葱末、黑胡椒粉、盐，慢火浓缩成酱汁，淋上或蘸食。

## 迷迭香烤羊排

**原料：** 羊肋排4支，红酒120毫升、盐、黑胡椒粉适量、洋葱末120克，橄榄油15毫升、迷迭香4枝、百里香、欧薄荷各1枝，切碎成末。

**做法：** 1.将羊排用红酒、盐、黑胡椒粉、迷迭香末，腌15分钟使之入味，再将羊排煎至金黄色取出在侧边划一刀，镶入迷迭香。入烤箱以180～200℃烤5分钟。2.橄榄油爆香洋葱末，加入红酒、迷迭香末，慢火浓缩成酱汁淋在羊排上，排盘桌，或搭配薄荷酱食之。

## 迷迭香糯米糕

**原料：** 糯米粉500克，糖50克，迷迭香、温水各适量，绞肉200克，香菇丁100克，萝卜干丁200克，油葱酥30克，虾米100克，色拉油30毫升，酱油15毫升，胡椒粉5克。

**做法：** 1.糯米粉加温水、迷迭香揉成团。2.萝卜干丁、虾米泡软备用。3.起油锅，依序下虾米、香菇丁、绞肉、油葱酥、萝卜干丁和糖、酱油及胡椒粉等调味料炒均匀。4.糯米团分成40等份，分别包上肉馅，并在表面抹上少许油。5.将迷迭香包置于蒸笼上，蒸15分钟即可。

# 薰衣草美食

薰衣草花色淡雅，芳香宜人，只要用手轻轻触摸一下它的任何部位，那种沁人心脾的幽香就会沾到手指上。薰衣草可以与粮食、蔬菜、水果、肉类、鱼类等烹调出粥、菜、羹、糕、汤、茶、饮等具有独特风味和一定医疗保健功能的食品，如薰衣草饼干、薰衣草布丁、薰衣草蔬菜浓汤等。也可把薰衣草花、叶碾碎后撒在奶油、色拉和小甜点里。

## 薰衣草蛤蜊面

**原料：**意大利面100克，蛤蜊数十个，可食用薰衣草2大枝条，卡夫芝士粉、青椒、红椒、盐、橄榄油、黑胡椒粉、蒜、白酒适量。

**做法：**1.水里加入少许盐和橄榄油煮开后，倒入意大利面下锅煮至稍软捞起泡冷水，晾干备用。蛤蜊洗干净下锅煮至稍微开口捞起备用。青、红椒去籽切小块，蒜切碎。2.蒜爆香油锅，倒入青、红椒和少许白酒爆炒片刻后倒入意大利面和蛤蜊，加少许白酒爆炒1～2分钟，撒盐、黑胡椒粉和薰衣草翻炒均匀后熄火。3.装盘后撒卡夫芝士粉拌着吃。

## 薰衣草奶茶

**原料：**鲜奶200毫升，红茶100毫升，果糖适量，甜薰衣草 2～3枝。

**做法：**1.锅内注入热红茶后，将加热过的牛奶注入一同熬煮至微滚。2.放入薰衣草及果糖后倒入壶中即可。

## 薰衣草饼干

**原料：** 黄油140克，糖粉80克，鸡蛋1个，泡打粉5克，低筋面粉200克，薰衣草3.5克。

**做法：** 1.先用开水把薰衣草泡2分钟，再把水倒掉。2.将黄油软化，打至松发，颜色大致发白就可以了。加入糖粉，搅拌；3.鸡蛋打散后加入；4.加入泡过的薰衣草；5.将粉类全部混合后，筛入。边筛边搅拌，直到全部搅拌均匀。6.将混合好的面放到冰箱里冷藏1个小时。7.烤箱预热175℃。面团拿出来后，做好造型烤大约15分钟就可以了。

## 薰衣草香煎鸡排

**原料：** 带骨鸡腿1只，新鲜薰衣草10克，香芹粉3克，香蒜粉3克，意式综合香料5克，迷迭香3克，白酒5毫升，蒜头2瓣。

**做法：** 1.先将鸡腿去骨，再将薰衣草、香芹粉、香蒜粉、意式综合香料、迷迭香、白酒、蒜头等香料混合腌制3小时。2.将鸡腿放入以中火加热的煎锅中，煎至表面呈金黄色。3.再放入100℃的烤箱中，烤5分钟即可。

## 薰衣草沙朗牛排

**原料：** 美国沙朗牛排250克，新鲜薰衣草1株，薰衣草叶10克，红酒50毫升，牛肉浓汁100毫升，鹅肝酱10克。

**做法：** 1.将100毫升牛肉浓汁加入50毫升红酒、10克薰衣草叶加热，浓缩成100毫升的酱汁。2.将美国沙朗牛排以中火两面煎至6分熟。3.把鹅肝酱放入做法1的酱汁中，淋在煎烤过的美国沙朗牛排上。4.加上新鲜薰衣草叶装饰即可。

# 罗勒美食

罗勒味道香醇，很多人非常喜欢这种味道。在日本，罗勒作为香料蔬菜在菜肴中大量使用。可用于凉菜，与海鲜类共食可去腥，还可用于调制醋、油和酱汁等。但烹调时，若温度过高，则罗勒特有的香味会散失。因此，应于将起锅时放入进行快炒，或烹调好后再将罗勒点缀上去。

## 懒人香草番茄汤

**原料：**新鲜柠檬罗勒1～2枝（或新鲜的花束），牛至2～3枝，月桂叶（香叶）1～2片，地中海蒜香香料少许，欧芹1～2枝。火锅料适量，鸡肉片、牛肉片、黄圣女番茄、红圣女番茄、姜、橄榄油（牛油也可以）、盐、砂糖、鸡精适量。

**做法：**1.欧芹剁碎，番茄切碎备用。2.番茄下锅炒片刻后加水煮开后倒入牛至、月桂叶、柠檬罗勒煮一会儿，倒入火锅料煮5～8分钟后，放入牛肉片和鸡肉片，加入适量的盐、鸡精、砂糖、少许地中海蒜香香料调味。3.熄火，撒欧芹碎即可。

## 罗勒番茄牛肉拌饭

**原料：**小番茄4个，牛肉300克，盐、砂糖、油、麻油、柠檬罗勒1～2枝，地中海蒜香香料、蒜、姜各少许。

**做法：**1.番茄洗干净切块，蒜、姜切碎，罗勒摘叶洗干净。2.牛肉先下锅炒七八成熟捞起备用。3.蒜、姜爆香油锅，放番茄爆炒片刻，加水大火煮开后改小火，煮烂后倒入牛肉煮片刻，加适量盐、少许砂糖、地中海蒜香香料调味。4.出锅前撒柠檬罗勒叶和麻油搅拌均匀，即可装盘。

## 蔬菜比萨

**原料：**白面粉，鸡蛋，白脱牛奶，奶油(溶化)。配料：意大利腊肠片，瓶装朝鲜蓟，新鲜罗勒叶，瓶装番茄酱，起司(奶酪)，帕玛桑起士丝，牛奶，玉米粉。

**做法：**1.面粉加入已混合好的蛋液、白脱牛奶和奶油，搅拌成柔软的生面团，揉捏1分钟。2.将面团擀成直径为30厘米的圆形面皮。3.将番茄酱、意大利腊肠片、朝鲜蓟、罗勒叶、起士片和起士丝铺放在面皮的半圆中。4.在面皮边缘刷上牛奶，对折面皮边缘并捏出花纹。表层刷上牛奶上光，再撒上玉米粉。将比萨生坯放在烤盘上，放入210℃的烤箱烘烤约30分钟，至表面呈金黄色为止。

## 冰镇番茄汁

**原料：**番茄1 000克，红甜椒1枚，罗勒叶3片，赫雷斯（Xeres）咖啡5克，盐、胡椒粉少许。

**做法：**1.番茄洗净去籽，连同切成丁的红甜椒放入搅拌机，再加入咖啡一起搅拌。2.加盐、胡椒粉后，置于冰箱里冰镇。取出饮用时将罗勒叶放在上面。

# 鼠尾草美食

鼠尾草是一种广泛应用于欧美家庭的调味料。早在16世纪，英国人还不认识茶叶的时候，就常泡鼠尾草作茶，是一种十分普遍且受欢迎的健康饮料，直到今天仍相当流行。其鲜叶洗净后切成丝，放于色拉上作为菜的装饰；或放入少量的油拌入米饭，则成香喷喷、高营养的香米饭。填入家禽腔内或香肠内烘烤，煮牛、羊肉时加入鼠尾草，均可增香调味。鼠尾草与奶酪和奶油一起夹入三明治，又是备受喜爱的食品。鼠尾草花还可凉拌食用。把鼠尾草和桂皮加入白兰地酒，又可酿制成具强心作用的甜露酒。

## 鼠尾草茶

- **原料：** 鼠尾草叶5片，迷迭香叶10片，百里香叶3片，苹果片2片，冰糖一小块。
- **做法：** 玻璃茶壶放入七分满的水烧开熄火，壶内加入上述材料，盖上壶盖约10分钟即可饮用。

## 香草鸡翅

**原料：**鸡翅10个，阿根廷燃情烤翅腌料1包，宽叶百里香、巴格坦鼠尾草各3～5枝，油、万用炸粉、竹签适量。

**做法：**1.鸡翅洗干净，背部划刀备用，腌料加入20克水和少许油搅拌均匀备用，香草洗干净剁碎。2.腌料混合香草搅拌均匀后放入鸡翅搅拌均匀，放入冰箱腌12小时。3.腌好的鸡翅均匀拍上万用炸粉，用竹签串好，放入微波炉高火转5分钟即可。

## 鼠尾草炖羊肉

**原料：**小羊骨腱1只，洋葱1个，鼠尾草10克，番茄糊2汤匙，红酒1/2瓶，百里香少许，月桂叶1片，鸡高汤2 000克。

**做法：**1.将小羊骨腱切块用沙拉油煎上色。洋葱切碎末备用。2.加入洋葱碎、鼠尾草炒香，放入番茄糊拌匀后淋上红酒煮5分钟。3.再加入高汤、百里香、月桂叶炖煮1小时40分钟即可。

# 莳萝美食

莳萝在俄罗斯、中东和印度菜式中特别受欢迎。含丰富维生素及矿物质，助消化、缓解肠胃胀气，能治疗胃痛和失眠。莳萝香气近似于香芹且更强烈一些，有点清凉味，温和而不刺激，味道辛香甘甜，适用于炖类、海鲜等。莳萝放到汤里、生菜沙拉及一些海产品的菜肴中，有促进风味之功效。莳萝种子的香味比叶子浓郁，更适合搭配鱼、虾、贝类等。

## 法国海鲜大烩

**原料：**洋葱、干葱各1个，莳萝15克，茴香酒1小匙，白葡萄酒1小匙，牛油1块，青贝100克，白贝150克，白虾100克，三文鱼100克，扇贝肉100克，忌廉汁200克。

**做法：**1.海鲜洗净飞水，牛油煎锅炒洋葱、干葱碎。2.加入海鲜、白葡萄酒煮浓，加入忌廉汁煮稠，调味。3.最后加入茴香酒、莳萝叶，拌匀即可。

## 莳萝腌三文鱼

**原料：**三文鱼500克，莳萝150克，柠檬半个切片，青柠1/3个切片，法国黄芥末10克，大藏芥末15克，盐、胡椒适量。

**做法：**1.三文鱼去皮，洗净吸干水，放入方盘中。2.用盐、胡椒涂在三文鱼上，涂上芥末。切碎莳萝涂满鱼肉上。3.在鱼上面再铺放柠檬片、青柠片，封好放入保鲜柜腌4～5小时取出，切片，配多士、麦包、咸饼干食用。

# 芫荽美食

芫荽营养丰富，内含维生素C、胡萝卜素、维生素$B_1$、维生素$B_2$等，同时还含有丰富的矿物质，如钙、铁、磷、镁等。芫荽内还含有苹果酸钾等。芫荽中维生素C的含量比普通蔬菜高得多，一般人食用7～10克芫荽叶就能满足人体对维生素C的需求量；芫荽中所含的胡萝卜素要比番茄、菜豆、黄瓜等高出10倍多。

## 芫荽鱼片汤

**原料：**鲤鱼肉，芫荽，料酒、葱段、姜片、盐、鸡粉适量。

**做法：**1.鲤鱼肉洗净，片成薄片，鱼骨保留，鱼肉加盐、料酒腌制半小时左右；芫荽洗净切末。2.锅置火上，放油烧热，爆香葱段、姜片，放入鱼片略煎，取出。3.汤锅内加入鱼骨略煮，待汤成白色后捞出鱼骨，将鱼骨汤烧开，下入鱼片，再次开锅后即可关火，投入芫荽末，加入鸡粉、少量盐调味拌匀即可。

## 拌芫荽

**原料：**芫荽450克，葱、香油、盐少许。

**做法：**将芫荽择洗干净切成段，葱切丝，再将香油、盐一起与芫荽段、葱丝拌匀即可。

**特色：**双香翠绿。

## 芫荽梗炒肚丝

**原料：** 熟猪肚200克，芫荽150克，清油1 000克(约耗100克)，料酒25克，盐3克，味精5克，米醋10克，葱姜丝、蒜片各2克，香油10克。

**做法：** 1. 将熟猪肚洗净，切成长4厘米的细丝，放入沸水锅里焯一下，捞出沥水待用。2. 将芫荽择洗干净，去叶切成寸段，待用。3. 锅置旺火上，放油烧至六成热时，将肚丝滑油，然后将肚丝捞出沥油。4. 原锅中留些许底油，烧至七成热时，将肚丝、芫荽段及调味料加入，快速颠锅拌匀，然后勾芡、淋油，出锅装盘即成。

**特色：** 白绿相间，质地鲜嫩，清淡爽口，可以补虚，适用于大、小肠出血、便血。

## 芫荽萝卜汤

**原料：** 芫荽50克，胡萝卜75克，猪油35克，葱、姜末各3克，清汤750克，盐5克，料酒10克，味精3克，胡椒粉少许，香油5克。

**做法：** 1. 将芫荽择洗干净，切成段备用；胡萝卜去皮，洗净后切成丝，用冷水浸泡后捞出沥水。2. 汤锅置火上，放入猪油烧热，用葱、姜末炝锅后加清汤烧沸，放入胡萝卜丝和盐、料酒烧熟，再加上芫荽段、味精、胡椒粉烧开，装入汤碗，淋入香油即可。

**特色：** 红绿映衬，香辣适口，芳香健胃，增进食欲，冬季食用尤为适宜。

## 芫荽土豆丝

**原料：** 土豆250克，芫荽25克，熟芝麻1大匙，蒜1瓣，油辣椒2大匙，盐、味精适量。

**做法：** 1. 土豆去皮后切丝，芫荽切长段，蒜切末。2. 将土豆丝用清水洗去表面的淀粉，放沸水锅中煮约2分钟至熟。3. 将土豆丝捞出沥干水分盛碗里，放入盐、味精、蒜末、芫荽、辣椒油。4. 拌匀后装盘即可食用。

# 藿香美食

藿香的鲜叶和干叶均可入药，可“辟秽恶，解时行疫气”，具防暑去湿的功效。藿香还富含多种营养元素和微量元素，其嫩茎叶作蔬菜食用，既美味可口，又能保健祛病。夏季采摘藿香的嫩茎叶用沸水焯过，凉水浸泡10～20分钟后，炒食、做汤、凉拌均佳，还有预防感冒暑湿、养颜美容的作用。

## 藿香姜枣饮

- **原料：**藿香嫩茎叶30克，姜片5克，红枣5枚，白糖适量。
- **做法：**1.藿香嫩茎叶、姜片、红枣分别洗净。2.铝锅放适量水，投入姜片、红枣煮20分钟，加入藿香嫩茎叶继续煮10分钟，加白糖搅匀即可出锅。
- **特色：**常饮有益脾胃的功效。

## 藿香粥

- **原料：**鲜藿香叶20克，粳米100克，白糖适量。
- **做法：**1.藿香叶洗净，煎汁待用。2.铝锅加适量水，放粳米煮成粥，加入藿香汁再煮一会儿，放入白糖搅匀即可。
- **特色：**食用可治暑热引起的呕吐。

## 藿香茶

- **原料：**藿香嫩叶3～5片。
- **做法：**清水洗净，泡水饮。
- **特色：**可去湿、防暑，增进食欲。

# 香草气质的生活品味

你问我香草有什么气质？

我说它很浪漫。

一缕香氛，迷醉人心，

闻香识女人，

弄花香满衣。

恋上香草的生活，

从此焕发出别样的光彩。

# 香草带来的灵感与巧思

## 门把手也有春天

花材：石斛、薄荷

香草元素：薄荷

制作：AUPRES的磨砂小瓶，加上麻绳就成了别致的吊挂花器。加点水，随意插上几支薄荷，石斛的花枝是点睛之笔，用来装饰门把手，不经意间好似见到春姑娘入驻你家。

## 阳光灿烂的日子

花材：非洲菊、薄荷、满天星

香草元素：薄荷

制作：带冰裂纹的球形玻璃花器，时尚感很强。非洲菊总能带给人阳光灿烂的明媚心情，加上碧绿的薄荷叶和星星小花的陪衬，无论作为餐桌花还是用来布置客厅小几，都能让客人眼前一亮，心境大好。

## 守望爱情

花材：白玫瑰、羽叶熏衣草、黄英草

香草元素：羽叶熏衣草

制作：熏衣草的花语为等待爱情，玫瑰则是经典的爱情花，三支玫瑰意为我爱你，白玫瑰代表纯洁的爱。由它们共同组成的花束配上心形的玻璃花器，清雅的色彩加上美好的寓意，最适合情人节、结婚纪念日、还有你的她或他的生日。

# 香草花园里的音乐精灵

有科学研究表明，经常让奶牛听优美的音乐，奶牛产奶的质量和数量都会提高。依此类推，如果让植物听音乐，花花草草应该也能长得格外健康美丽哦。

花了时间花了心思，打理出漂亮的花园后，谁又不喜欢在花园里好好休闲一番呢？伴着美妙的音乐，约上三五好友一起品茶，或独自一人静静地看书，是多么怡然的享受呵。花花草草就像人，不同类型的植物有着全然不同的气质。香草的气质很西洋，很浪漫，所以说，与香草园最速配的音乐精灵非英文歌莫属。无论是经典的电影金曲，还是美国乡村民谣，涓涓流淌的音符好似清且涟漪的小溪，波心荡漾中，我们都能听到花开的声音，闻到草长的芳香。

## 小贴士：认识美国乡村音乐

美国乡村音乐是名副其实的美国“特产”，也是美国人民献给世界人民的一份美好礼物。乡村音乐是土生土长的美国音乐，体现了浓郁的美国南方民间音乐的风格。传统的乡村音乐从19世纪的弦乐曲和传统叙事歌中发展而来，它的一个显著特点就是，不受性别和年龄限制，也不受时间和地点的限制，一把吉他，外加班卓琴和口琴的伴奏，歌手们便可以尽情抒发心中的快乐和忧愁。在相当长的一段时间里，乡村音乐的歌手和歌迷几乎都是生活在美国南部乡村的农民、牛仔、矿工和伐木工人，歌手们唱歌时也总是带着浓重的南方鼻音。大部分歌曲的内容都表达了他们对爱情的忠贞不渝，对乡土的眷恋，或者反映了生活的艰辛、贫困的煎熬以及家庭的温馨等。

20世纪50年代初，随着电声乐器的发展，乡村音乐中逐渐加入了电子乐器、鼓、提琴和号，声乐合唱也取代了先前音乐中“高亢、孤独”的歌声。这时期的乡村音乐已经慢慢失去原先醇厚的“乡土气息”，而呈现出更多的现代都市风味。借此契机，乡村音乐也在全美各地拓展了它的市场。田纳西州的首府纳什维尔是当时美国乡村音乐最大也是最为人所熟知的商业中心，绝大部分的乡村音乐歌手都来到这里寻求发展的机会，绝大部分的乡村歌曲也都是在纳什维尔的录音棚里录制的，以至于人们将这一时期的乡村音乐称为“纳什维尔音乐”。70年代中期，以威利·纳尔逊和维龙·詹宁斯为首，在美国乡村音乐界发起了一场称为“叛逆”的运动，旨在用一种更简单朴实的方法取代已经程式化的“纳什维尔音乐”。之后不久，在70年代末到80年代初，“新传统派歌手”异军突起，成为美国乡村音乐中最走红的一派。这些新一代乡村歌手的音乐不再是纳什维尔、纽约或洛杉矶生产线上推出的毫无生命力的音乐制品，他们力图摒弃乡村音乐歌坛上那些令人眼花缭乱的手法和技巧，而以其不加雕饰的音乐风格恢复乡村音乐的真实面貌。“新传统派歌手”以其声音悦耳动听、旋律优美柔和而获得巨大成功。至今，它仍在美国流行乐坛上独领乡村音乐的风骚。

### ● 经典怀旧英文歌，永不老去的旋律

#### A place nearby — 天涯若比邻

a Place Nearby是来自挪威的精灵Lene Marlin（琳恩·玛莲）以清新嗓音吟唱天堂并不遥远，特别推荐荡涤心灵的天籁之音：天堂是一个很近的地方，所以没有必要说再见，我想要告诫你不要哭泣，我将一直在你身边！

#### Because I Love You — 因为我爱你

Shakins Stevens 如果我穿越万水千山只为告诉你我爱你，如果我攀上最高

的山峰只为将你拥抱，你会拒绝我吗（Would you ever let me down）。深情的歌曲，深情的男人，歌曲有点感伤，流传很广的一首情歌，你一定听过，只是也许不知道歌的名字。

**Can you feel the love tonight — 今夜能否感受我的爱** The Lion King《狮子王》的插曲，一首充满温情的曲子，今夜能否感受我的爱，夜晚带来的宁静，可以抚平一切的创伤。

**Careless whisper — 无心低语**

爵士乐的悠扬相伴舞场的凄凉，是离别的怨？还是从此天涯各一方的惆怅？——“我打算不愿再跳舞，以不再去重温与你一起走过的舞步”“时光永远无法弥补，好友间的无心细语”“于内心深处，无知是福”“你走了，谁还能与我共舞？”

**Casablanca — 卡萨布兰卡** 世界上有那么多城镇，城镇里有那么多酒馆，她偏偏走进了我的。这是电影《卡萨布兰卡》（Casablanca）的经典对白。在巴黎曾有过一段共处的甜蜜时光，如今在这战火纷飞的岁月重逢在异国他乡卡萨布兰卡，心爱的女人却陪在另一个男人身边。男主角里克（Rick）深夜借酒消愁，分别的日日夜夜那些牵挂和惦念情何以堪？这样的重逢是不是还不如不见好？

**Heal the world — 拯救地球**

Michael Jackson杰克逊反战题材的歌曲。充满仁爱，温暖的旋律勾勒着撼动人心的文字：在你我心中，有一片爱的圣土，那里没有伤害，没有伤痛。爱不会说谎，爱让我们坚强。

**Hero — 英雄** 每个人都能成为英雄，战胜自己，克服懦弱。不要惧怕审视内心，在那里我们会找到爱与坚强。——《Hero》是玛丽亚-凯丽给我们的谆谆教诲：梦想是哭不出来的。永不放弃，永不绝望。只有抛却泪水，才能化解伤痛。只有直面生存的压力，才会重拾生命的尊严！

**Hotel California — 加州旅馆**《加州旅馆》是Eagles的巅峰之作。——在暗夜荒漠中的高速公路上，孤寂与疲倦让人沉沦。加州旅馆的灯火通明、尽情狂欢则囊括了全部欲望与奢华：天花板上的镜子，加冰的粉红色香槟，翩翩起舞的俊男靓女——“我们是自带枷锁的囚徒”，“有些人舞蹈为了回忆，有些人舞蹈为了遗忘”，“你想什么时候结账都可以，但你永远无法离去”。——迷幻一样的隐喻，就着悸动的双木吉他，就该一个人细细地听——生活中，你也想过逃离吗？你也想过挣扎么？

**I will always love you — 我将永远爱你** 惠特尼·休斯顿主演的电影《保镖》（The Bodyguard）主题曲。看过那部电影的人都说，歌曲比情节更引人入胜，毕竟都是惠特尼的原唱呢，这首《我将永远爱你》即是其中的一首。有人评价这首歌说，“是一代天后惠特尼·休斯顿的经典名曲”，“突出展现了她旷世罕有的歌喉和娴熟运用真假声的天才歌艺”。

**In My Life — 我的生命中** TOYOTA COROLLA卡罗拉的广告歌曲，原唱The Beatles 甲壳虫乐队的经典歌曲，听起来总是有种温暖怀旧的情绪，永远都听不腻，因为歌曲的名字是“在我的生命中”注定成为我一生所珍爱的歌曲。

**It Never Rains In Southern California — 南部加州从不下雨** Albert Hammond 搭上西行的波音，不曾考虑何去何从，一首充满离别的感伤和思乡情绪的歌曲，当前还有对前途的茫然。

**Lemon tree — 柠檬树** 你知道苦苦等待一个人的滋味吗，傻傻地等，痴痴地等，翻来覆去，坐立不安，要等的那个人为什么还不出现，这样值得吗？

**Moon River — 月亮河** 电影《蒂凡尼的早餐》中广为流传、经久不衰的插曲，这首歌前不久还入选为“20世纪最经典歌曲”。奥黛丽·赫本塑造的霍莉性格饱满可信，鲁莽、稚气而又脆弱，开创了20世纪60年代电影中女性解放角色的先河。奥黛丽·赫本在片中边弹边唱Moon River的形象被评为是她最令人心动的形象。

**My Heart Will Go On — 爱无止境** 电影《泰坦尼克号》主题曲。由好莱坞主流电影著名作曲家詹姆斯·霍纳（James Horner）一手炮制，具有浓烈民族韵味的苏格兰风笛在他的精巧编排下，尽显悠扬婉转而又凄美动人。“你敲开我的心扉，你融入我的心灵。我心与你同往，我心与你相依。爱与我是那样的靠近，你就在我身旁，以致我全无畏惧。我知道我心与你相依，我们永远相携而行。在我心中你安然无恙，我心属于你，爱无止境。”歌曲的旋律从最初的平缓到激昂，再到缠绵悱恻的高潮，一直到最后荡气回肠的悲剧尾声，短短4分钟的歌曲实际上是整部影片的浓缩版本。由加拿大女歌手席琳·迪翁（Celine Dion）演唱，曾蝉联Billboard排行榜冠军宝座长达16周之久。

Nothing's Gonna Change My Love For You — 什么也不能阻止我对你的爱　又一首执著于爱的歌曲，什么也不能阻止我对你的爱，如果你也像这样苦苦恋着一个人，跟着我一起唱吧。

Sailing — 远航　Rod Stewar的感动情歌。Rod Stewar这首经典的老歌《Sailing》让我们对人生又有了一次深刻的体会：其实人生不就是一次Sailing，途中也许荆棘满布，充满艰辛，但只要你坚持下去，一定可以胜利到达彼岸。

Scarborough Fair — 斯卡保罗集市　前面已用专门的篇幅介绍过，尤其月光女神莎拉·布莱曼演唱的版本很值得推荐，天籁之音的感觉。又是以香草为主题的情歌，Herb garden里怎么能少了它？

Sealed with a kiss — 以吻封缄　以吻封缄的意思是，用吻来把信封粘上，传递我的思念之情。“虽然我们在这个夏天必须说再见，亲爱的，我答应你每天给你写一封信，捎上我全部的爱意，以吻封缄。在这个夏天，我不想说再见。知道我们会怀念这份爱。哦，让我们在此相约，九月相见，以吻封缄……”

Sometimes — 有时　很好听很有节奏的DJ舞曲，也许，我不是你想要的女孩，有时我需要一个情人来恋爱，有时我需要一个朋友来倾诉，呵呵，寂寞让我如此美丽。

Take me home country road — 乡村路带我回家　乡村歌手John Denver最最经典的作品。如果你是多年没有返乡的游子，在回家的路上听起这首歌一定是感动得泪流满面的。西弗吉尼亚，简直就像天堂一样——在那里可以看到蓝岭及雪兰多河。那里的生活源远流长，比大树悠久，比高山年少，如微风渐进。乡村路，请带我回到属于我的家——西弗吉尼亚，乡村路，请带我回家。

The sound of silence — 《毕业生》中的主题曲 - 沉默之声　霓虹灯的微芒划破夜空，带给世界的是虚假的光明，却惹得人们对它顶礼膜拜。人们例行公事地生活着，言而无意，唱而无心，如行尸走肉。——1965年歌手Simon与Garfunkel推出的专辑主打歌曲《沉默之声》，后来成为美国电影《毕业生》的主题曲。——歌曲以怀旧的旋律托着略微沉重的文字，寓意深刻，耐人寻味。如歌中最后唱到的“先知的话语当显现于地铁车站的墙上和穷人的廉价公寓中”，包裹于自己小小的幸福中，自以为是地生活的人们，是否也当更真实地看看这个世界，听听沉默中的声音呢?

Under a violet moon — 紫罗兰的月光下　我超喜欢的一首歌。伴着鼓点欢唱，尽情起舞到天明，为往昔的骑士干杯，问问迷人森林里的占卜师看到了未来的什么，让提着的灯笼照亮在紫罗兰色的淡淡月光下……怀旧的心境浓浓的，闭上眼，细细品味，你感受到了歌中唱到的中世纪的风情了么?

Walking in the air — 空中漫步

有人说这是“在黑暗中穿行的高亢而又凄迷的童声”，我更喜欢在某个黄昏，亮着一盏昏暗的灯，喝着热热的奶茶，然后聆听这一份感动。其实很害怕这样的音乐，想到之前看《歌剧魅影》，听里面的歌剧听到想哭，心里压抑的不行。对于这样的音乐，我会有一种一听到就想要跪下来膜拜的冲动，这种音乐的杀伤力就仿若是割破黑暗的剑，最后直刺向人的心里。

Yesterday — 昨天　往昔的记忆，像是泛黄的旧照片，回忆旧日的恋人，充满感伤的情调。美国MTV电视台以及《滚石杂志》共同评选的自1963年以来100首最佳流行歌曲中，这首《昨天》位居第一。——“昨天，我的烦恼似乎还如此遥远”，“昨天，爱还是件如此简单的事”，“可她为什么不得不离去”“我不知道，她也不肯说”——面对昨天，欣赏甲壳虫乐队的经典曲目。

Yesterday once more — 昨日重现

这首歌不用介绍了，被传唱了几十年的怀旧经典歌曲，所有人都喜欢它。

# 芳香仙子眷顾人间

特别喜欢一个人，在夜深人静的秋夜里，点上一盏滴了熏衣草精油的小烛灯，听着窗外的虫儿脆亮的鸣叫。散尾葵的叶子婆婆娑娑地在微风里飘动，雪白色纱帘上的皱褶里，隐藏着我染了熏衣草味的思绪，摇摆着……向了远方，一天的疲惫也在夜色中慢慢流淌走了。这就是我心中精油的真谛，它宛如一个温柔的小仙女从天上降临人间，呵护着我的心灵，眷顾着我的身体。

## 精油与芳香疗法

植物精油指的是通过蒸馏方式萃取出植物的挥发性芳香分子。高品质的精油是需要经过数次繁杂的蒸馏及过滤各种有害成分、杂质，才能得到少数高纯度精油。

与精油密切相关的艺术叫芳香疗法，它是运用植物芳香精油的特性，借由熏蒸、沐浴、按摩及敷抹等方式，深入人体，以达到舒解身心压力、稳定情绪、振奋精神的效果。

## 常见精油的功效

### 薄荷精油

提取自新鲜薄荷草。薄荷拥有众所周知的功能——振奋精神，它能帮助你集中注意力、消除疲劳，对呕吐、腹泻、眩晕症状很有疗效。薄荷精油还能起到镇静和净化肌肤、平衡油脂分泌的护肤洁肤作用。居室里洒点薄荷精油，还有驱除蚊虫的效果。

### 百里香精油

提取自花朵和叶子。防脱发，润肺，治感冒、咳嗽、喉痛、祛痰。对低血压和风湿也有一定的功效。强化神经、活化脑细胞、助记忆及帮助集中注意力。注意事项：孕妇及高血压患者禁用。

### 罗勒精油

提取自叶子和花朵。用于皮肤能有效收紧、改善阻塞毛孔、控制粉刺；可治疗头痛和偏头痛、感冒、消化异常，缓解肌肉疼痛；可刺激雌性激素分泌，用于月经延迟，经久不下；可安抚神经紧张、消除焦虑、助集中精神和增加记忆力。

### 洋甘菊精油

提取自花朵。洋甘菊精油能帮助消除浮肿，改善干燥皮肤并增加皮肤弹性，如果不小心烫伤了，可以用几滴洋甘菊稀释在水里，喷在伤处。洋甘菊精油还可以有效缓解头痛、神经痛和牙痛，它还有通经的效果，可减轻女性经痛，规律经期。

### 天竺葵精油

提取自花和叶子。天竺葵精油不适合敏感性肌肤，有调节荷尔蒙的功效，对经前综合征有疗效，也可改善更年期问题，利尿、排毒、舒解压力、平抚焦虑、沮丧，使心理达到平衡和谐的状态。

### 广藿香精油

提取自叶子。促进皮肤细胞再生，改善干性、老化、粗糙、龟裂之皮肤，改善头皮异常、愈合伤口、减轻发炎，能利尿、除臭，能消除嗜睡症状，保持清醒。注意事项：广藿香精油是一款强劲型精油，使用量不宜过多。

### 熏衣草精油

提取自花朵。适合所有肤质，如果你是精油的初入门者，熏衣草精油绝对是你的第一选择，一是价格不贵，二是它的用途超级广泛。不仅可以治疗灼伤、晒伤，促使皮肤细胞再生，还具有改善粉刺肤质的疗效。用熏衣草精油来助眠效果显著，你如果失眠的话，可以尝试在棉球上滴两滴熏衣草精油，塞在枕头里入睡，保证你一觉香甜。

### 迷迭香精油

提取自花朵和叶子。迷迭香精油的香味有利于提神醒脑。如果你在忍受着浮肿的困扰，那么用迷迭香精油按摩无疑是一个既享受又健康的项目。它还可以缓解痛经、利尿、减肥；对肠胃、心、肺、肝、胆都有裨益。

### 鼠尾草精油

提取自花朵和叶子。鼠尾草精油的成分与雌激素十分类似，能强壮子宫，对于经期与更年期问题非常有效，对于经期紊乱、经量稀少现象尤见功效。如果运动过度造成肌肉酸痛，或是因睡觉姿势不对造成“落枕”，用鼠尾草精油调制成的按摩油作局部的按摩，可以起到非常快速的止痛效果，同时也有舒解肌肉疲劳的功能。用于美容，鼠尾草精油能帮助皮肤细胞再生、抑制皮脂分泌、改善油性皮肤与油性发质所引起的感染发炎问题。

### 莳萝精油

提取自叶子和种子。莳萝精油有助于改善成人的消化异常，减轻胀气和便秘的困扰，对于胃部的发酵作用也有相当的疗效，因此可解决口臭的烦恼。具抗痉挛的特性，可止嗝。据说可以增进哺乳母亲的泌乳量。可安抚紧张的神经，包括伴随而来的头痛和汗如雨下。但是莳萝精油功效强劲，绝不可用在婴儿身上。

### 柠檬香茅精油

提取自茎和叶子。有抗沮丧、杀菌、除臭、 肠胃胀气、帮助消化、利尿、催乳等功效。柠檬香茅精油单纯而自然的草本气息，让人仿佛置身于芒草山头，可以净化并提振心情，化解纷扰俗事。

### 马郁兰精油

提取自花朵。能治疗偏头痛、牙痛、支气管炎、伤风感冒、气喘、肠胃胀气、肌肉酸痛、风湿痛，且具有优异的神经安抚与镇定功能，用于卧室熏香，有利于轻松入眠。在压力强大的办公室，马郁兰也是很好的香氛魔法师，能舒缓紧张气氛，如能与迷迭香或尤加利搭配，则有更棒的效果。注意体虚多汗者禁用。

### 玫瑰精油

提取自花朵。适合所有肤质，玫瑰是女士美容和妇科调养的圣品。它可以促进细胞再生，抗老化，调节月经，平复哀伤与抑郁的情绪，使你变得积极开朗。它还具有催情的作用，古代宫中的嫔妃们都爱用玫瑰花露来喷洒居室，博取皇帝的宠幸。

### 茉莉精油

提取自花朵。适合所有肤质，特别适合于干燥、敏感、老化、疤痕及妊娠纹之类的问题皮肤。茉莉精油能够保持皮肤的水分和弹性，平衡荷尔蒙，抗抑郁，茉莉精油的味道特别有助于增强自信，恢复精力。

### 桂花精油

提取自花朵和叶子。镇静、催情、抗菌，能净化空气，是极佳的情绪振奋剂。对疲劳、头痛、生理痛等都有一定的减缓作用。桂花精油的调情功效极佳，是不错的情绪提升剂。

### 紫罗兰精油

提取自叶子和花朵。对解决呼吸方

面的问题很有帮助，有助于治疗过敏性的咳嗽及百日咳，能帮助入眠，对偏头痛有缓和作用。它还是强劲的催情剂。

### 百合精油

提取自花朵和叶子。降脂止痛，促进血液循环。助眠、镇定神经，放松情绪。调理油腻皮肤，对皮肤护理有显著疗效。对糖尿病有显著疗效。

### 丁香精油

提取自花朵。特别用于治疗伤口感染、疮面及溃疡等。能改善消化不良、呕吐腹泻、止痛，还有杀菌净化的功能，也是一款不错的催情剂。还有强化记忆、振奋精神、抗沮丧的功能。

### 檀香精油

提取自树木。能平衡油脂分泌，改善粉刺和缺水皮肤；有助于治疗失眠；能帮助淋巴排毒，增加免疫力；能改善性冷淡，有催情效果；对肾脏有帮助，可排毒清血。另外，檀香精油非常适合静坐冥想时使用，它那神秘飘逸的香气可以帮你拉近与玄妙世界的距离。注意避免在沮丧时使用。

## 精油的日常使用方法

### 蒸熏法

#### 香熏炉熏香法

把清水倒进香熏炉的盛水器中，加入5～6滴精油。点燃蜡烛放置在香熏炉内，待热力使水中精华油徐徐释放出来。调配不同的精油滴入香熏炉中，便可得到不同的效果，有助于制造不同的气氛。

#### 加湿器熏香法

在加湿器的水箱中直接加入5～8滴精油，使精油随加湿器的水雾散发到空气中。

#### 暖气机香熏法

将棉球沾上精油，放在暖气管散发热气的地方，使精油随暖气散发到空气中。

### 吸入法

#### 居家吸入法

把近沸的热水注入玻璃或瓷质的脸盆中，选择1～3种精油滴于热水里，总数不超过6滴，将精油充分搅匀后，以大浴巾将整个头部及脸盆覆盖，用口、鼻交替呼吸，维持5～10分钟。熏衣草2滴＋薄荷2滴可治疗感冒。

#### 简单吸入法

将精油1～3滴滴于面巾或手帕中嗅吸。

### 按摩法

保健按摩一般从背部做起，两手放在臀部上方的脊椎骨两侧，手掌朝下，沿椎骨两侧向肩膀移动，到颈部时，双手向外，一面按摩两胁，一面按摩肩膀，再回到起点，按摩时必须一气呵成，中途切勿停止。把2～3种总数为3

滴的单方精油稀释于3～4毫升的植物按摩油中，作脸部、头部、颈肩部或身体按摩。

按摩法可加强血液循环，排除体内毒素。不同的精油具有各自不同的疗效，建议去专业美容院在专业人士指导下使用。

### 香熏漱口法

将2～3滴精油滴入1杯水中搅匀，嗽喉10秒钟，然后吐出，重复至整杯水用完，每天香熏漱口，可保持口气清新，保护牙齿，减少喉炎。常用精油：茶树、熏衣草、薄荷。

牙痛时，将肉桂1滴，不需稀释，直接用棉签点在牙痛部位，即可缓解牙痛。

### 精油刮痧法

即用精油稀释于基础油内，涂抹于患部或穴道旁，再用刮痧器刮按。建议咨询专业香熏治疗师。

### 按敷法

#### 冷敷或热敷法

把3～6滴芳香精油加入冷水(冷敷)或热水(热敷)中，均匀搅动后，浸入一块毛巾，再把毛巾拧干，敷在面上，并用双手轻轻按压盖在面部的毛巾，使带有精油的水分能尽量渗入皮肤内，重复以上步骤5～10次。身体部位按敷时，水和精油的比例约为200毫升冷水或热水加5滴精油，面部则只用1滴精油即可。

冷敷可缓解、镇定、安抚，缓解痛症。热敷有助于促进血液循环、排解毒素或增加皮肤的渗透。常用精油有熏衣草、紫罗兰、迷迭香、天竺葵、茉莉、玫瑰、柠檬等。

### 喷洒法

把精油加在蒸馏水中，放于喷雾瓶中，随时喷洒在床上、衣服上、家具上、宠物的身上、书橱上、地毯上，起到消毒除臭，改善生活环境的作用。常用的精油有迷迭香、柠檬、甜橙、薄荷、天竺葵、尤加利等，比例是10滴油加10毫升水。

### 香熏沐浴法

#### 香熏蒸汽浴

可选用熏衣草、洋甘菊、薄荷、甜橙、尤加利、柠檬等精油混入水中，比例为每600毫升水加2滴精油，把混合后的水浇在蒸气房的热源上(如烧红的石头)，带着香熏的蒸气便徐徐散出，尽情吸入这些香熏蒸气，它们是身体及皮肤的绝佳保养剂和去毒剂，对细菌和病毒具绝佳的消灭效果。

#### 足浴手浴

准备一盆温热水，滴入5～6滴精油，再将整个脚掌或双手浸泡在盆内大约10分钟，可治疗肌肉酸痛，促进血液循环。手部护理时加入玫瑰精油更可使皮肤滋润，秋、冬季节使用效果更佳。

### 洗发护发

洗发时，将2滴精油加入洗发液，均匀涂抹于头发上，轻轻按摩3～5分钟，再以清水洗净；护发时，将基础油与精油以10：1的比例调和，轻轻按摩头皮使其吸收，以毛巾包住约15分钟，再用清水冲洗即可。

去除头皮屑的精油疗程：佛手柑2滴＋茶树1滴。作法：将2种精油和洗发精混在一起洗头。疗效：具有杀菌、平衡、舒缓的效果。

## 香草文化——星座与精油

#### 水瓶座（1/20 ～ 2/18）

水瓶座是理性的星座。在与他人交往时，也懂得巧妙地控制自己的理性，适度地关心对方，配合对方的波长，但决不会迷失自己。

这种个性也为水瓶座开拓了美丽的人生。但是，如果运用不当，也会让自己变成无法相信他人的狭窄心胸。应该借助芳香疗法，让自己坦诚地感受到幸福的存在。

适用精油：薄荷 / 玫瑰 / 柠檬 / 依兰

#### 双鱼座（2/19 ～ 3/20）

双鱼座是允满献身精神的“爱的星座”，当看到他人有难或陷入悲伤时，会情不自禁地伸出援手。然而，却缺乏持续性，处世完全凭自己的心情。心情不好时，表现出一副极为冷淡的态度。

在双鱼座的个性中，是天使和魔鬼的集合体。如何控制自己的情绪是开拓双鱼座未来的关键所在。在芳香疗法中，可以静心倾听理性的声音。

适用精油：熏衣草 / 玫瑰 / 丝柏 / 橙 / 檀香

#### 白羊座（3/21 ～ 4/19）

积极进取，自我主张明确的白羊座虽然拥有优秀的领导素质，但往往会因此与周围人发生冲突，造成伤害。白羊座不服输的个性也造成他们倔强的性格……这种时候，就需要尝试芳香疗法。芳香没什么道理可言，与白羊座的性格完全吻合。想要让心情平静下来时，不妨在芬芳的气氛中，让自己深呼吸一下。

适用精油：依兰 / 佛手柑 / 尤加利 / 柠檬

#### 金牛座（4/20 ～ 5/20）

你对人生有着出类拔萃的“感觉”和“品位”，相信是源自你想要“过得更快乐”的愿望。除了在自己的生活中运用这些优秀的品位，更应该为大众、为社会有所贡献。对金牛座的你而言，轻松地在日常生活中运用芳香疗法，使自己能够进一步享受生活的乐趣。

适用精油：佛手柑 / 迷迭香 / 葡萄柚 / 杜松 / 柠檬

双子座（5/21 ～ 6/21）

双子座的人懂得处世哲学，很喜欢说话。看似个性开朗、无忧无虑的双子座，经常会让别人觉得“他才不会有烦恼”。事实上，这种认识大错特错，双子座对精神压力很脆弱。

由于双子座是一个头脑反应灵活、思绪敏捷、兴趣广泛的星座，所以会比别人耗费更多的心思。在接受芳香疗法时，应该慢慢地深呼吸。

适用精油：薰衣草 / 天竺葵 / 薄荷 / 迷迭香 / 橙

巨蟹座（6/22 ～ 7/22）

巨蟹座的存在，会令周围人感到安心，想要依赖你。或许你为此感到迷惑不解，“我很情绪化，又很吵闹、贪婪，为什么大家会喜欢我？”或许，是因为周围人感受到了你的“母性”。为了同时拥有“母亲=女人”的伟大和脆弱，在感觉自己快要失控时，不妨求助芳香疗法。

适用精油：柠檬 / 香茅 / 薰衣草 / 洋甘菊 / 天竺葵

狮子座（7/23 ～ 8/22）

以太阳为守护星的狮子座，是十二星座中最受到上天眷顾的星座。然而，在现实生活中，狮子座的性格与生活方式往往会造成许多问题。尤其狮子座容易有过度的自信，认为为一点小事烦恼是一种耻辱，所以不懂得如何消除精神压力。正因为如此，他们更需要借助芳香疗法，妥善地放松自己的身心。

适用精油：橙 / 檀香 / 茉莉 / 玫瑰 / 天竺葵

处女座（8/23 ～ 9/22）

处女座能够切实完成所赋予的责任，做事也很细心，是人见人爱的类型。但是，处女座却很不擅长主动要求工作，或是表现自己。往往容易被人忽略，这也成为一种精神压力。

芳香疗法能够自然消除你内心的焦躁情绪，让你有机会发挥自己的特色，活得更有自我。

适用精油：薰衣草 / 乳香 / 橙花 / 茶树 / 茴香 / 迷迭香

天秤座（9/23 ～ 10/23）

天秤座的行为不会出现所谓的大义灭亲的壮举，也不会有误入歧途的行为。随时注意知性与感性的平衡，他们希望能够优雅、平稳地度过一生。但在现实生活中，经常会面临一些需要咬紧牙关忍耐的事，也可能发生一些令内心动摇的事。要保持内心的平衡谈何容易。这时，芳香疗法就是天秤座的最佳伙伴。

适用精油：葡萄柚 / 柠檬 / 香茅 / 天竺葵 / 熏衣草

天蝎座（10/24 ~ 11/22）

天蝎座的生命力居十二星座之冠。似乎可以听到天蝎座自豪地宣称“这是理所当然的，我们才不像其他星座，整天活在甜蜜未来的梦想世界中……”

你之所以不向他人显示你的真心，擅长洞察他人内心，都是“活在当下”的有力武器。芳香疗法能够助你一臂之力，芳香的能量一定可以渗透你的神秘心灵。

适用精油：橙 / 洋甘菊 / 杜松 / 檀香 / 玫瑰

射手座（11/23 ~ 12/21）

射手座不仅是追求理想的浪漫主义者，也可以享受现实生活中的种种乐趣。有时候，自己也搞不清到底是活在梦想中的理想家，还是现实主义者是真正的自我……

相信这也是周围人对你的评价。为了使你所追求的梦想付诸实现，应该将本能与理性做完美的结合。这种时候，就需要芳香疗法的协助。芳香能够帮助你自由地展开理想的翅膀。

适用精油：玫瑰 / 橙 / 熏衣草 / 洋甘菊 / 佛手柑

魔羯座（12/22 ~ 1/19）

魔羯座谈不上直觉敏锐，也谈不上头脑灵活。但一旦决定了目标，就会毫不犹豫地坚持到最后一刻，决不屈服、气馁，这种精神也是十二星座中最顽强的。

在天宫图上魔羯座位于“天职”的位置。所以，与生俱来就是需要不懈努力，完成天职的命运。因此，在魔羯座的人生路上，有许多辛苦和折磨，应该借助芳香疗法，让自己学会放松。

适用精油：杜松 / 柠檬 / 香茅 / 佛手柑 / 薄荷

# 弄花弄草香满衣

把香草的概念无限放大成为芳香植物以后，香草的群落便因为有了香花的加入而显得庞大起来。玫瑰、茉莉、桂花、百合、栀子、米兰……这些我们再熟悉不过的香花，它们与香草共同的特质在于一个让人荡气回肠的“香”字。

幽幽一缕香，飘在深深旧梦中。这飘在梦魂里来无影去无踪的一抹香痕，被当今时尚界的大师们采集下来，把曾经的夏花绚烂，曾经的青草空翠，统统收藏进瓶中。然后，香水诞生了。

玫瑰，香花中的皇后。那么，我们的香水之旅就从她开始罢。

玫瑰是兰蔻的标志，也是兰蔻完美的化身，更是兰蔻的灵魂所在。自从创始人阿曼德·佩提让缔造兰蔻品牌的那一刻，婀娜多姿的玫瑰就活在其骨髓中，它那非常法国的名字：兰蔻，也是因一座四周开满玫瑰花的美丽城堡而得名。兰蔻香水始终萦绕着玫瑰的主题，不仅香水的味道是玫瑰的馥郁花香，连包装设计和香水的颜色也流动着玫瑰的花魄。经典香水，沉香悠远，散发成熟温婉的情调与优雅气息，使见到它的人会情不自禁联想到玫瑰的倩影。世界给予它所有，它也赋予世界一切。兰蔻香水要诠释的是一种浪漫的气质，每一秒都是它自身创造的浪漫。一枝富于活力与启示的香水玫瑰，美丽、自信而知性，每分每秒都在演绎着奇迹，前调、中调和后调达到了完美的平衡，呈现出恒久美妙的光辉。

1957年，含有玫瑰和茉莉花的香水“Envol”正式问世，原始的瓶身设计是一个花苞形状，最后在瓶盖上加印了玫瑰花蕾。这是集兰蔻创意之大成，挑选各种珍稀的玫瑰，才创造出的一款无与伦比的香水，包括沙丘玫瑰、麝香玫瑰，还有最精纯的保加利亚玫瑰在内，都是构筑这款经典香水的灵魂。

“璀璨”本来是一款兰蔻在1952年推出的香水，于1990年重新推出后，一直是世界上最受欢迎的香水之一。“Tresor”的原意为宝藏，“璀璨”香水的广告语是：The Fragrance For Treasured Moments。意为：献给那段值得珍惜的美好时光。据它的创造者说，这是一款以“拥抱我”为主题的香水，也是一款注定拥有美好历史和记忆的香水，主要原料有玫瑰、百合、丁香、蝴蝶兰、天芥菜等植物，在一片醉人的玫瑰幽香中，混合着百合与丁香的清新气息，以及隐隐可辨的蝴蝶花与天芥菜的味道。“璀璨”香水独特的芳香，迎合了20世纪90年代的女性气息，明朗而奔放，尽展那个时代女性的妩媚与性感、欢乐与积极，适用于细腻、敏感而优雅的女性，可表现其温婉的气质。

香水与香花、香草之间，总有着缠绵难解的缘分。可以说花草是香水妖娆的前生，而香水呢，是花草艳冶的后世。

1970年，香奈尔公司推出的“倾城之魅”香水，耗费了香奈尔公司首席香水设计师贾克斯12年的心血。在贾克斯看来，香水的三重奏还不足以表达“倾城之魅”的细腻和复杂，为此他提出一种叫“钻石六面体”的香味结构。“倾城之魅”的第一个钻石切面是由意大利柠檬带出的清新调，第二个切面是甜美迷人的柑橘香，第三个切面是包含玫瑰、茉莉、忍冬、白兰花、百合的芬芳花香系列，第四个切面比较特殊，是现代（合成）花香系列，这种香味被形容为只应天上有的清澈、轻灵、无瑕。最后的两个钻石切面是以香草为主味的，柔嫩粉润，充满性感。水晶般晶莹剔透的质感，洋溢着年轻纯净的甜美气质，轻巧的香味和略带侵略性的香调，最适合清纯少女，或是喜爱淡雅、个性温柔、略带羞涩的成熟女性。

1965年，资生堂推出“禅”香水，它是一款全日本香型的香水，香气淡雅，其主要是以竹香、紫罗兰、鸢尾花、丁香花、茉莉花以及玫瑰表现宁静和自然的特质。“禅”瓶上和包装盒上精致细腻的金色花叶非常经典，灵感来自于16世纪的京都神庙。“禅”香水受到禅的启示，充满浓郁的东方文化色彩，追求一种心灵和肢体上的完全放松，给人引发心灵平静的感觉，并能达到减压效果。

“迪奥小姐”是迪奥的第一瓶香水，也是世界上第一种以橙花鼠尾草、栀子花等清新香气作初调，沉香、岩蔷薇等浓香作为基调的香水，这一清一浓，既典雅又脱俗。这款香水被盛放在漂亮的双耳尖底瓮形状的香水瓶里面，独特的造型使这种香水深受女性喜爱，为迪奥连绵数十年的香水传奇揭开序幕。后来迪奥公司又在此款香水的花香中加入了一种清淡的绿叶香气，而香水瓶则改为一种植物的形状。到了开始使用香水年龄的欧美少女都喜爱“迪奥小姐”的香味，华丽中不失典雅气质，常常令人耳目一新，而其所具有的都市化的妖艳风格，更成为掳获男性欢心的最佳道具。

1999年，范思哲推出“V/S女士”香水，它采用范思哲“Versace”字母缩写V/S作为香水标志，“V/S女士”香水包含有相互矛盾的香味：活跃、跳动的白柠檬香、橘子花香和肉桂香与细腻深沉的麝香、鸢尾花香、香草花香和桔梗香，统一、和谐、迷人、成熟、吸引、完美且又不失个性，是一种全新嗅觉的理解。

1987年，卡地亚公司推出花香木香型的“豹女郎”香水，这一香水的设计灵感来自时髦的“豹女郎”形象。豹在古希腊文化中代表着漂亮的女子，亚里士多德也曾说过：“在自然界中，没有任何动物像豹一样有这种好闻的气味，豹是唯一一种因为某种神秘的原因闻起来具有自然香的动物。”因此，这款香水瓶身上的两翼是两个精巧的水晶豹，而其前味呈现出夜来香及茉莉的清淡干净，接踵而来的是岩兰草、爪哇薄荷、豆蔻带来宁静及舒缓的中味，最后由广藿香、琥珀及麝香的结合，让“豹女郎”的香气更加悠长，其独特的气味颇受人们的喜爱。

卡地亚的另一款香水是专为男人设计的“运动男香”，用来纪念巴西飞行员山度士·杜蒙。它是一款强调男性魅力的男用香水，以佛手柑、熏衣草、罗勒及小豆蔻等香料作为带点辛辣气息的前味；在中段则转为融合新鲜无花果、风信子及天竺葵的清新气息；直至最末由东方木、橡木苔、檀香及麝香等散发出馥郁沉稳的木质香气。绿色清爽自然的包装尽显独特个性。

1997年，卡地亚推出另一款男用香水“宣言”，以俄罗斯的白桦木、意大利的佛手柑、非洲的橘子为前调；艾草、小豆蔻为中调；以香柏木、海地的香草根及橡木苔为后味，令人感受到大自然的生命气息。玻璃瓶折射出里面金黄通透的液体，清澈自然，令人感觉没有时空与国度的限制，可以舒坦地道出心底宣言，更拥有了把爱大胆表明的勇气。

2002年，安娜·苏推出全新的“蝶恋”香水，其瓶身别具一格，淡淡甜甜的橙橘色，渐渐向上反射动人的粉桃红色，犹如一只婀娜多姿的红蝴蝶在花间嬉戏。它含有橘子花、茂盛的佛手柑和热带水果的组合，加上香草和麝香，共同合成了超俗的香味，为爱情注入了一种和谐的甜蜜味道。“蝶恋”香水是一只令人瞩目的玻璃蝴蝶，它带着爱的故事，从古飞到今。它代表着爱的承诺，它就是爱、欢愉和幸福的告白。

### 如何选购及鉴赏香水

当您购买香水时，试香也是一门重要的学问。试香时，最好先将香水喷在手腕上或是试香纸上，等香水干了再闻。一般来说从开瓶到试香大约3分钟，众所周知，一种良好品质的香水均具有三段式香味，即所谓的前味、中味和后味，三者起承转合，表现出韵律的美感。

前味：香水喷在肌肤上约10分钟后会有遮盖住的香味产生。最初会有香味和挥发性高的酒精稍稍混在一起的感觉。

中味：在前味之后约10分钟的香味，酒精味道消失，此时的香味是香水原本的味道。

后味：香水喷后约30分钟后才会有的香味，是表现个性最好的香味。这种香味会混合个人肌肤以及体味所产生的综合味道。

此外在试香水时，也可向空中喷洒香水，再用手拨接味道至鼻边闻，此时直接呈现中味及后味，也就是通常所说香水的主调。

还应注意，最好不要在饥饿时去试香，这样会对香味产生恶心感而导致误判。另外，要在确定知道第一种香味后，才试第二种，不要在两者中闻来闻去。

一般的分辨真假香水的要点如下：

第一，每瓶香水都有生产批号。

第二，看香水的包装，瓶子的做工精细与否。

第三，从味道上分辨，如果你以前用过这款香水，那么对其香味一定很熟悉，你可以在用的时候感觉一下它的基调是否一样。仿的香水一般前味比较像，而到了后味味道就有区别了。如果你以前没有用过这款香水，那么只能麻烦你把香水洒一点在纸上，然后到专柜拿一张刚喷过的试纸，两者比较就很清楚了。没必要拿着香水问那些专柜小姐，因为他们也不知道，相信你自己的嗅觉就对了。

## 鉴别香水的质量好坏

### 1.香水的香味

优质的香水香味纯正，并能保持一段时间，不会有刺鼻的酒精气味或其他令人不愉快的气味。根据香味的稳定性和香料的成分，香水和花露水分为特级和甲、乙、丙级4个等级。幻想型的特级香水洒在纺织品上，在一定条件下，其香味应该保持不少于70小时，花香型的不少于60小时。日常用的优质香水属于甲级产品。乙级和丙级的香水和花露水基本用于卫生目的，如盥洗室等处。

### 2.香水的色泽

优质的香水必须是清澈透明、清晰度高的液体，无任何沉淀。一般不含色素，在30℃温度下，经24小时不变色。

### 3.香水的包装

取悦女人嗅觉的香水，其促销却常常要依赖于香水商品的视觉形象。如同其他商品一样，包装精细之处往往是体现了商品的内在质量，因此香水的外包装也是香水内在质量的一种显示。在鉴

**图书在版编目（CIP）数据**

浪漫香草花园 / 陈菲编著；徐晔春摄．—北京：农村读物出版社，2010.12

ISBN 978-7-5048-5430-8

Ⅰ．①浪… Ⅱ．①陈… ②徐… Ⅲ．①香料作物–栽培②观赏园艺 Ⅳ．①S573②S68

中国版本图书馆CIP数据核字(2010)第243072号

感谢踏花行论坛小明花园、XXL001、lilika、9月9日等花友为本书提供部分图片。

---

| | |
|---|---|
| **责任编辑** | 李振卿 |
| **出　　版** | 农村读物出版社（北京市朝阳区农展馆北路2号　100125） |
| **发　　行** | 新华书店北京发行所 |
| **印　　刷** | 北京三益印刷有限公司 |
| **开　　本** | 710mm×1000mm　1/16 |
| **印　　张** | 7.25 |
| **字　　数** | 100千 |
| **版　　次** | 2011年1月第1版　　2011年1月北京第1次印刷 |
| **印　　数** | 1～8 000册 |
| **定　　价** | 36.00元 |

---

（凡本版图书出现印刷、装订错误，请向出版社发行部调换）